Andreas Wagner · Elektrische Netzwerkanalyse

Andreas Wagner

Elektrische Netzwerkanalyse

Anwendungen in Mathcad

Prof. Dr.-Ing. Andreas Wagner
Rationelle Energieanwendung
Fachhochschule Dortmund
FB Elektrische Energietechnik
Postfach 10 50 18
44047 Dortmund

wagner@fh-dortmund.de

ISBN 3-8311-2716-6 Books on Demand GmbH, D-22848 Norderstedt.

Wagner, Andreas: Elektrische Netzwerkanalyse. Anwendungen in Mathcad.–Books on Demand, Norderstedt, 2001.

Alle Rechte vorbehalten, auch die des auszugsweisen Nachdruckes, der fotomechanischen Wiedergabe und der Übersetzung sowie der Bearbeitung für Ton- und Bildträger, für Film, Hörfunk und Fernsehen und für den Gebrauch in Lerngeräten jeder Art.

© A.Wagner 2001

1. Auflage Dortmund 2001

Einbandgestaltung: Florian Wagner
Abbildungen: Thomas Wambach
Satz: Reproduktionsfertige Vorlagen des Autors
Herstellung: Books on Demand GmbH

Vorbemerkung

Die Vorlesung GE1 "Grundgebiete der Elektrotechnik 1" an der Fachhochschule Dortmund wurde mit Beginn des Wintersemesters 1999-2000 anlässlich der Studienreform neu gestaltet. Die Vorlesung GE1 läuft über das erste und zweite Semester und wurde zusätzlich in zwei inhaltlich abgestimmte, parallele Vorlesungsteile geteilt:

– GE1/N: Grundlagen der linearen Netzwerkanalyse.

– GE1/M: Elektrische Messtechnik, elektrische Felder und magnetische Felder.

Das vorliegende Buch enthält den vollständigen Inhalt der Vorlesung GE1/N sowie einige weiterführende Kapitel.
Dank sagen möchte ich Herrn Thomas Wambach für die Erstellung der Abbildungen in diesem Buch und meinem Sohn Florian Wagner für die Gestaltung des Bucheinbandes.

Dortmund, im September 2001   Andreas Wagner

Vorbemerkung

Inhaltsverzeichnis

Vorbemerkung V

Inhaltsverzeichnis VII

Liste der Formelzeichen X

1   **Physikalische Grundlagen** 1
    1.1 Elektrische Ladungen 1
    1.2 Ladungs-Unterschied - elektrische Spannung 2
    1.3 Ladungs-Verschiebung - elektrischer Strom 2
    1.4 Energiestrom 2

2   **Energieübertragung in linearen Netzwerken** 11

3   **Ohmsches Gesetz** 15

4   **Elektrische Quellen** 19
    4.1 Eingeprägte Spannungsquelle 19
    4.2 Eingeprägte Stromquelle 20
    4.3 Lineare Quelle mit Innenwiderstand 22

5   **Leistungsanpassung** 27

6   **Verzweigter Stromkreis** 35
    6.1 Zweipol als Schaltelement 35
    6.2 Zweipolnetze und die Kirchhoffschen Gesetze 36
    6.3 Reihenschaltung von Zweipolen 38
    6.4 Parallelschaltung von Zweipolen 39

7   **Netztransfigurationen** 41

8   **Ersatz-Quellen** 45

9 Lineare Zweipol-Netzwerke ... 51
9.1 Netzwerk-Topologie ... 51
9.2 Knotenpunkt-Potentiale ... 54
9.3 Maschenströme ... 55

10 Netzwerkanalyse ... 57
10.1 Knotenpunkt-Potential-Analyse ... 57
10.2 Maschenstrom-Analyse ... 62

11 Harmonische Wechselgröße als Zeitdiagramm ... 71

12 Harmonische Wechselgröße in komplexer Darstellung ... 73
12.1 Mathematische Grundlagen zu komplexen Zahlen ... 73
    12.1.1 Definition der komplexen Einheit ... 73
    12.1.2 Mathematikgeschichtlicher Rückblick ... 73
    12.1.3 Komplexe Zahlenebene ... 75
12.2 Grundrechenarten mit komplexen Zahlen ... 76
12.3 Wechselgröße als komplexer Drehzeiger ... 79
    12.3.1 Komplexer Drehzeiger der Amplitude ... 79
    12.3.2 Komplexer Drehzeiger des Effektivwertes ... 79
    12.3.3 Komplexer Festzeiger des Effektivwertes ... 80

13 Grundzweipole ... 81
13.1 Grundzweipol ohmscher Widerstand R ... 81
13.2 Grundzweipol Kapazität C ... 82
13.3 Grundzweipol Induktivität L ... 84
13.4 Ohmsches Gesetz im Komplexen ... 86
13.5 Kirchhoffsche Gesetze im Komplexen ... 86
13.6 Netzwerkanalyse mit Zeigerdiagramm ... 90
    13.6.1 Konstruktion des Zeigerdiagramms ... 90
    13.6.2 Grenzen des Zeigerdiagramms ... 91
13.7 Knotenpunkt-Potential-Analyse im Komplexen ... 92
13.8 Maschenstrom-Analyse im Komplexen ... 100

14 Leistung und Energie an Grundzweipolen ... 109
14.1 Leistung und Energie an R ... 110
14.2 Leistung und Energie an L ... 112
14.3 Leistung und Energie an C ... 113

15 Zweipol mit Phasenverschiebung ... 115
15.1 Leistung und Energie ... 115
15.2 Komplexe Leistung ... 117
15.3 Fallbeispiel zur Leistungsberechnung ... 118

16 Frequenzabhängigkeiten bei RL/RC-Zweipolen **121**
  16.1 Ortskurven 121
  16.2 Frequenzgang 124

17 Schwingkreis und Resonanz **127**
  17.1 Reihenresonanz 128
  17.2 Parallelresonanz 133
  17.3 Frequenzabhängigkeiten von Schwingkreisen 138
    17.3.1 Ortskurven von Impedanz und Admittanz 138
    17.3.2 Bodediagramm der Übertragungsfunktion 140

18 Fourier-Analyse **147**
  18.1 Nicht-sinusförmige periodische Funktionen 147
  18.2 Fourier-Reihe 147
  18.3 Symmetrie-Eigenschaften der Fourier-Reihe 154
    18.3.1 Gerade Funktionen 154
    18.3.2 Ungerade Funktionen 155
    18.3.3 Ungerade Funktionen mit überlagertem Gleichanteil 155
  18.4 Spektrum einer periodischen Funktion 156
  18.5 Grundschwingungsgehalt und Klirrfaktor 157

19 Solarzelle als nichtlineare Quelle **159**
  19.1 Effektive Solarzellenkennlinie 159
  19.2 Leistungsanpassung von Solarzellen 161

20 Literaturverzeichnis **165**

Liste der Formelzeichen

A	Fläche
C	Kapazität
E	elektrische Feldstärke
f	Funktion (allgemein)
H	magnetische Feldstärke
i	zeitabhängiger elektrischer Strom
I	elektrischer Strom
I_0	Sperrstrom
I_D	Diodenstrom
I_{ph}	Photostrom
I_{pmax}	Strom im Punkt maximaler Leistung
I_{sc}	Kurzschlussstrom (engl. short circuit current)
MPP	Maximum Power Point andere Bezeichnung für P_{max}
P	Leistung
P_a	Ausgangsleistung
P_e	Eingangsleistung
P_{max}	Spitzenleistung
P_{pk}	Peak-Power, Nenn-Spitzenleistung der Solarzelle bei STC

PV	Photovoltaik, photovoltaisch
Q	Ladung
R	Widerstand
R_p	Parallelwiderstand
R_{pv}	Photovoltaik-Widerstand
R_s	Serienwiderstand
R_{sh}	Nebenwiderstand, Shunt
S	Poynting-Vektor
T	Periodendauer
t	Zeit
T_j	Sperrschicht-Temperatur (junction temperature)
u	zeitabhängige Spannung
U	Spannung
U_{AC}	Wechselspannung (alternating current)
U_D	Diodenspannung
U_{DC}	Gleichspannung (direct current)
U_{oc}	Leerlaufspannung (engl. open circuit voltage)
U_{pmax}	Spannung im Punkt maximaler Leistung
U_T	Temperaturspannung
W	Energie
W_{el}	elektrische Energie
η	Wirkungsgrad

1 Physikalische Grundlagen

Eine historisch alte Erfahrung lehrt uns: Wenn man gewisse Körper aneinander reibt und dann voneinander trennt, so üben sie Kräfte aufeinander aus. Diese Körper werden durch das Reiben verändert, wir nennen diesen Zustand „elektrisch geladen" [1].

1.1
Elektrische Ladungen

Die Erfahrungen mit elektrisch geladenen Körpern kann man wie folgt zusammenfassen:

1. Es gibt zwei Arten elektrischer Ladung. Wir können die eine positiv und die andere negativ nennen.
2. Gleichartige Ladungen üben aufeinander abstoßende, ungleichartige anziehende Kräfte aus.

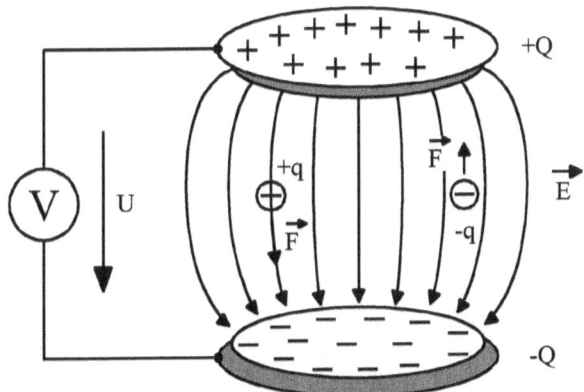

Abb. 1.1. Elektrische Spannung bewirkt elektrisches Feld $\vec{E}$

1.2
Ladungs-Unterschied - elektrische Spannung

Besteht zwischen zwei Körpern ein Ladungs-Unterschied, so kann dieses Phänomen messtechnisch als „Spannung U", gemessen in Volt, erfasst werden:

Spannungseinheit $\qquad U=1V \qquad$ (1.1)

Befindet sich eine elektrische Ladung q zwischen den beiden geladenen Körpern, so wirkt auf sie eine Kraft $\vec{F}$. Die räumliche Anordnung der elektrischen Kraftwirkungen kann mathematisch als Vektorfeld dargestellt werden. Die elektrischen Ladungen sind Quellen oder Senken des „elektrischen Feldes $\vec{E}$".

Einheit der
elektrischen Feldstärke $\qquad E=1V/m \qquad$ (1.2)

Zwischen unterschiedlich geladenen Körpern besteht ein elektrisches Feld. Berühren sich die zwei geladene Körper, so wird in kurzer Zeit der Ladungsunterschied ausgeglichen. Das elektrische Feld verschwindet.

Zum Aufbau eines elektrischen Feldes muss Energie aufgewandt werden. (Technisches Phänomen: Laden eines Kondensators). Beim Abbau des Feldes wird Energie abgegeben. Konsequenz:

Das elektrische Feld ist ein Energiespeicher!

1.3
Ladungs-Verschiebung - elektrischer Strom

Werden die elektrisch geladenen Körper über andere Materialien verbunden, so treten folgende Phänomene auf:

1. Ladungsausgleich findet statt → Leiter
2. Ladungsausgleich findet unter bestimmten Bedingungen statt → Halbleiter
3. Ladungsausgleich findet nicht statt → Isolator

Der Ausgleichsvorgang findet folgendermaßen statt: paarweise werden frei bewegliche Ladungsträger (in Metallen: Elektronen, in Elektrolyten: Ionen) an einem Kontakt der Leitung entnommen und am anderen Kontakt in die Leitung eingespeist. Es entsteht eine Unsymmetrie an den Leitungsenden, die dadurch ausgeglichen wird, dass sich alle freien Elektronen im Leiter verschieben.

1.3 Ladungs-Verschiebung – elektrischer Strom

Das Phänomen der bewegten elektrischen Ladungen kann messtechnisch als „elektrischer Strom I", gemessen in Ampere, im gesamten Leiter erfasst werden.

Stromeinheit $\qquad$ I=1A $\qquad$ (1.3)

Ein elektrischer Strom bewirkt ein weiteres physikalisches Phänomen: Ein magnetisches Feld $\vec{H}$

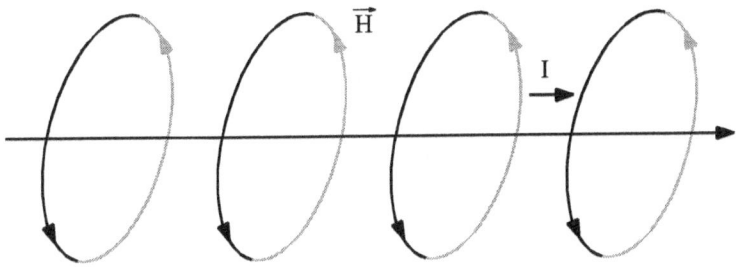

Abb. 1.2. Elektrischer Strom I bewirkt Magnetfeld $\vec{H}$

Nach unserem heutigen Wissen gibt es keine magnetischen Ladungen. Magnetische Felder bilden immer geschlossene Feldlinien. Die Ursachen aller uns bekannten stationären und quasistationären Magnetfelder sind elektrische Ströme, d.h. bewegte elektrische Ladungen.

Somit gilt auch der Umkehrschluss: Jeder elektrische Strom I ist von einem Magnetfeld $\vec{H}$ umgeben:

Einheit der
magnetischen Feldstärke $\qquad$ H=1A/m $\qquad$ (1.4)

Auch das Magnetfeld kann als Vektorfeld dargestellt werden.
Zum Aufbau eines magnetischen Feldes muss Energie aufgewandt werden. (Technisches Phänomen: Einschalten einer Spule). Beim Abbau des Magnetfeldes wird Energie abgegeben. (Probleme beim Abschalten von Induktivitäten). Konsequenz:

Das magnetische Feld ist ein Energiespeicher!

1.4 Energiestrom

Besteht zwischen zwei Körpern eine Spannung U, so existiert auch ein Feld E zwischen den Körpern: es ist Energie gespeichert.

Werden die Körper über einen Leiter verbunden, so wird das Feld abgebaut und dadurch Energie abgegeben. Die folgende Abbildung 1.3 illustriert die Feldverhältnisse während des Ladungsausgleichs (technisches Phänomen: Entladung eines Kondensators) über eine spezielle Leiteranordnung.

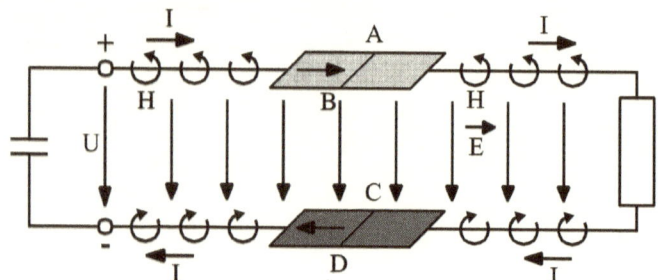

Abb. 1.3. Elektrische und magnetische Felder während des Ladungsausgleichs

Zwischen den Leitern bildet sich sowohl ein elektrisches Feld $\vec{E}$ als auch ein magnetisches Feld $\vec{H}$

Andere Ansicht: Drehung um 90°, Schnitt durch die planparallelen Ebenen

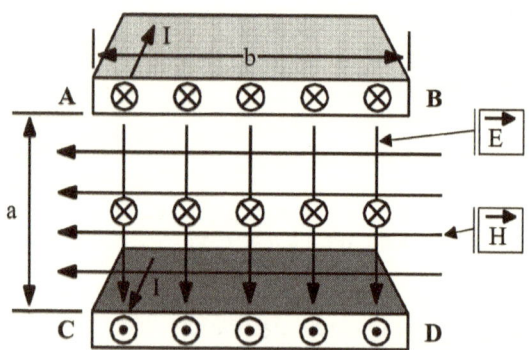

Abb. 1.4. Feldverhältnisse zwischen den Leitern der speziellen Anordnung. Ansicht in Energiestrom-Richtung.

1.4 Energiestrom

Unter der idealisierten Annahme

$$b \gg a \tag{1.5}$$

können die Randfelder vernachlässigt und $\vec{E}$ und $\vec{H}$ als homogen betrachtet werden. Es ergeben sich die Feldstärken

$$\vec{E}(x,y) = \frac{U}{a} \tag{1.6}$$

$$\vec{H}(x,y) = \frac{I}{b} \tag{1.7}$$

John Henry Poynting (1852-1914) führte den Begriff der Energiestromdichte ein. Das gleichzeitige Auftreten von $\vec{E}$ und $\vec{H}$ kann durch den Poyntingschen Vektor beschrieben werden:

$$\vec{S} = \vec{E} \times \vec{H} \tag{1.8}$$

dessen Bedeutung wir im Folgenden erkennen werden [1].
Zunächst die Einheiten des Poynting-Vektors:

$$\frac{V}{m} \cdot \frac{A}{m} = \frac{W}{m^2} \quad \rightarrow \text{Leistungsdichte} \tag{1.9}$$

Die Gesamtleistung folgt aus dem Flächenintegral

$$P = \int_0^a \int_0^b S(x,y)\,dx\,dy = \int_0^a \int_0^b E(x,y)H(x,y)\,dx\,dy \tag{1.10}$$

Mit den konstanten Feldstärken des vorliegenden Sonderfalls folgt

$$P = \int_0^a \int_0^b \frac{U}{a} \cdot \frac{I}{b}\,dx\,dy = \frac{U \cdot I}{a \cdot b} \int_0^a 1\,dx \cdot \int_0^b 1\,dy \tag{1.11}$$

und weiter

$$P = \frac{U \cdot I}{a \cdot b}[a-0] \cdot [b-0] \tag{1.12}$$

Es folgt die im elektromagnetischen Feld übertragene Leistung:

$$P = U \cdot I \tag{1.13}$$

Aus dem Produkt von Stromstärke und Spannung ergibt sich derselbe Leistungswert wie bei der Integration des Poyntingschen Vektors.
  Konsequenz: Die gesamte **elektrische Energie wird nicht im elektrischen Leiter, sondern außerhalb, im Dielektrikum übertragen**!
  Die Allgemeingültigkeit dieses Ergebnisses für beliebige Anordnungen und Leiterquerschnitte wird durch die Maxwellsche Feldtheorie bewiesen[1],[2].

1 Physikalische Grundlagen

Fallbeispiel 1.1. Energiestrom verschiedener Anordnungen. Typische Leistungsdichten ausgewählter Anordnungen einiger Übertragungsstrecken sollen exemplarisch ermittelt werden. Die folgenden Anordnungen sollen betrachtet werden:

1. Zweidraht-Leitung
2. Hausinstallations-Kabel
3. Leiterplatte
4. Kohlekraftwerk
5. Rundfunk-Sender
6. Sonne

Die folgenden Querschnittflächen-Typen werden hier für die Berechnung der Leistungsdichten benötigt:[1]

$$\text{Kreis-Fläche} \quad A_{kreis}(d) := \frac{d^2 \cdot \pi}{4} \tag{1.14}$$

$$\text{Ellipsen-Fläche} \quad A_{ellipse}(a,b) := \frac{a \cdot b \cdot \pi}{4} \tag{1.15}$$

$$\text{Kugel-Oberfläche} \quad A_{kugel}(d) := \pi \cdot d^2 \tag{1.16}$$

Unter der Annahme einer homogenen Leistungsdichte auf dem betrachteten Flächenausschnitt A ergibt sich der Poynting-Vektor aus der Leistung P, die diese Fläche durchströmt:

$$S(P,A) := \frac{P}{A} \tag{1.17}$$

Zur Darstellung der Ergebnisse in adäquaten Einheiten wird die Definition folgender, in Mathcad nicht standardmäßig enthaltener Einheiten empfohlen:

$$MW := 1000 \cdot kW \tag{1.18}$$

$$mW := \frac{W}{1000} \tag{1.19}$$

$$\mu W := \frac{mW}{1000} \tag{1.20}$$

---

[1] Die Lösungen dieses Fallbeispiels werden in der Syntax von Mathcad dargestellt. Wichtig: Unterscheidung von Zuweisungs-Gleichheitszeichen := und Ergebnis-Gleichheitszeichen =

Lösung zu 1. Zweidraht-Leitung.
Unter der Annahme, dass die Energiestrom-Querschnittfläche näherungsweise als Ellipsenfläche betrachtet werden kann, folgt mit einem angenommenen Leiterabstand

$$a_1 := 2 \cdot m \tag{1.21}$$

die Energiestrom-Querschnittfläche

$$A_1 := A_{ellipse}\left(a_1, \frac{a_1}{2}\right) \tag{1.22}$$

oder
$$A_1 = 1.571 \, m^2 \tag{1.23}$$

Die übertragene Leistung beträgt im vorliegenden Fall

$$P_1 := 100 \cdot W \tag{1.24}$$

Somit folgt die Leistungs-Dichte

$$S_1 := S(P_1, A_1) \tag{1.25}$$

oder
$$S_1 = 63.662 \frac{W}{m^2} \tag{1.26}$$

Lösung zu 2. Hausinstallations-Kabel.
Auch hier wird als Energiestrom-Querschnittfläche näherungsweise eine Ellipsenfläche angesetzt. Leiterabstand

$$a_2 := 2 \cdot mm \tag{1.27}$$

Es folgt die Energiestrom-Querschnittfläche

$$A_2 := A_{ellipse}\left(a_2, \frac{a_2}{2}\right) \tag{1.28}$$

oder
$$A_2 = 1.571 \cdot 10^{-6} \, m^2 \tag{1.29}$$

mit der übertragenen Leistung

$$P_2 := 100 \cdot W \tag{1.30}$$

folgt die Energiestrom-Dichte in einem Hausinstallationskabel

$$S_2 := S(P_2, A_2) \tag{1.31}$$

oder
$$S_2 = 63.662 \frac{MW}{m^2} \tag{1.32}$$

Lösung zu 3. Leiterplatte.
Annahme: Energiestrom-Querschnitt = Ellipsenfläche. Leiterabstand:

$$a_3 := 1 \cdot mm \tag{1.33}$$

Energiestrom-Querschnittfläche

$$A_3 := A_{ellipse}\left(a_3, \frac{a_3}{2}\right) \tag{1.34}$$

oder
$$A_3 = 3.927 \cdot 10^{-7} \, m^2 \tag{1.35}$$

Übertragene Leistung

$$P_3 := 1 \cdot mW \tag{1.36}$$

Energiestrom-Dichte

$$S_3 := S(P_3, A_3) \tag{1.37}$$

oder
$$S_3 = 2.546 \frac{kW}{m^2} \tag{1.38}$$

Lösung zu 4. Kohlekraftwerk.
Annahme: Energiestrom-Querschnitt=Ellipsenfläche.
Die Energie wird in einem 3-Phasen-System übertragen.
Hier: 3 Leiter im Abstand von je 3m.
Leiterabstand zwischen den Außenleitern:

$$a_4 := 6 \cdot m \tag{1.39}$$

Energiestrom-Querschnittfläche

$$A_4 := A_{\text{ellipse}}\left(a_4, \frac{a_4}{2}\right) \tag{1.40}$$

oder $\quad A_4 = 14.137\,\text{m}^2 \tag{1.41}$

Übertragene Leistung

$$P_4 := 110\cdot\text{kV}\cdot 325\cdot\text{A}\cdot\sqrt{3} \tag{1.42}$$

oder $\quad P_4 = 61.921\bullet\text{MW} \tag{1.43}$

Es folgt die Energiestrom-Dichte am Kraftwerk-Ausgang:

$$S_4 := S(P_4, A_4) \tag{1.44}$$

oder $\quad S_4 = 4.38\bullet\dfrac{\text{MW}}{\text{m}^2} \tag{1.45}$

Lösung zu 5. Rundfunk-Sender.
Annahmen:　1. Abstrahl-Raumwinkel=Halbkugel
　　　　　　2. Gleiche Leistungsdichte an Halbkugelschale

Sendeleistung $\quad P_5 := 100\cdot\text{kW} \tag{1.46}$

Energiestrom-Fläche der Halbkugelschale im Abstand r

$$A_5(r) := \dfrac{A_{\text{kugel}}(2\cdot r)}{2} \tag{1.47}$$

Fall 5.a. Abstand 1m

$$A_{5a} := A_5(1\cdot\text{m}) \tag{1.48}$$

oder $\quad A_{5a} = 6.283\,\text{m}^2 \tag{1.49}$

$$S_{5a} := S(P_5, A_{5a}) \tag{1.50}$$

oder $\quad S_{5a} = 15.915\bullet\dfrac{\text{kW}}{\text{m}^2} \tag{1.51}$

Fall 5.b. Abstand 10 m

$$A_{5b} := A_5(10\cdot\text{m}) \tag{1.52}$$

oder $\quad A_{5b} = 628.319 \, m^2 \quad$ (1.53)

$$S_{5b} := S(P_5, A_{5b})$$ (1.54)

oder $\quad S_{5b} = 159.155 \dfrac{W}{m^2} \quad$ (1.55)

Fall 5.c. Abstand 100 m

$$A_{5c} := A_5(100 \cdot m)$$ (1.56)

oder $\quad A_{5c} = 6.283 \cdot 10^4 \, m^2 \quad$ (1.57)

$$S_{5c} := S(P_5, A_{5c})$$ (1.58)

oder $\quad S_{5c} = 1.592 \dfrac{W}{m^2} \quad$ (1.59)

Fall 5.d. Abstand 1km

$$A_{5d} := A_5(1 \cdot km)$$ (1.60)

oder $\quad A_{5d} = 6.283 \cdot 10^6 \, m^2 \quad$ (1.61)

$$S_{5d} := S(P_5, A_{5d})$$ (1.62)

oder $\quad S_{5d} = 15.915 \dfrac{mW}{m^2} \quad$ (1.63)

Fall 5.e: Abstand 10 km

$$A_{5e} := A_5(100 \cdot km)$$ (1.64)

oder $\quad A_{5e} = 6.283 \cdot 10^{10} \, m^2 \quad$ (1.65)

$$S_{5e} := S(P_5, A_{5e})$$ (1.66)

oder $\quad S_{5e} = 1.592 \dfrac{\mu W}{m^2} \quad$ (1.67)

Lösung zu 6. Sonne.
Annahmen: 1. Abstrahl-Raumwinkel=Kugel
                2. Gleiche Leistungsdichte an Kugelschale

Energiestrom-Fläche der Kugelschale im Abstand Erde-Sonne

mittlere Erdentfernung $\quad R_E := 1.496 \cdot 10^{11} \cdot m \quad$ (1.68)

Lichtgeschwindigkeit $\quad c := 2.998 \cdot 10^8 \cdot \dfrac{m}{s} \quad$ (1.69)

1.4 Energiestrom

Entfernungseinheit "Licht-Minute"

$$LM := 1 \cdot \min \cdot c \qquad (1.70)$$

Entfernung in Licht-Minuten

$$R_E = 8.317 \cdot LM \qquad (1.71)$$

Poynting-Vektor der Sonne in Erdentfernung = Solarkonstante

$$E_0 := 1353 \cdot \frac{W}{m^2} \qquad (1.72)$$

Energiestrom-Fläche der Kugelschale in Abstand Erde-Sonne

$$A_{es} := A_{kugel}(R_E \cdot 2) \qquad (1.73)$$

oder $\qquad A_{es} = 2.812 \cdot 10^{23} \, m^2 \qquad (1.74)$

Strahlungsleistung der Sonne

$$P_{sol} := A_{es} \cdot E_0 \qquad (1.75)$$

oder $\qquad P_{sol} = 3.805 \cdot 10^{26} \, W \qquad (1.76)$

Vergleich mit Leistung eines Kernkraftwerkes

$$P_{kk} := 1000 \cdot MW \qquad (1.77)$$

oder $\qquad \dfrac{P_{sol}}{P_{kk}} = 3.805 \cdot 10^{17} \qquad (1.78)$

Zahlen dieser Größenordnung entbehren jeglicher Anschaulichkeit. Die Unvorstellbarkeit großer Zahlen wird mit der folgenden Zahl noch verdeutlicht:
Als höchste Zahl, für die es noch zahlenmäßig eine Mengenbeschreibung gibt, wird die Zahl der Elementarteilchen im gesamten Universum genannt. Die letzten Schätzungen liegen bei

$$N_{max} := 10^{80} \qquad (1.79)$$

2 Energieübertragung in linearen Netzwerken

Als „lineares Netz" wird eine Anordnung von Erzeuger und Verbraucher bezeichnet, die durch Leitungen verbunden sind, wobei die Widerstandswerte (Impedanzen) der einzelnen Zweige konstant, d.h. von der Stromstärke unabhängig sind.

Die Beschreibung des Netzzustandes bezüglich Strom, Spannung und Leistung ist Gegenstand der Netzwerkanalyse, aufbauend auf folgende Axiome:

- Energieerhaltungssatz
- Ladungserhaltungssatz
- Überlagerungssatz

Elektrischer Strom ist eine gerichtete Bewegung elektrischer Ladungen [3].

$$I = \frac{dQ}{dt} \tag{2.1}$$

Elektrische Stromstärke	I	gemessen in	A	(Ampere)
Elektrische Ladung	Q	gemessen in	C	(Coulomb)
Zeit	t	gemessen in	s	(Sekunde)

Aus dem Ladungserhaltungssatz folgt: in einem geschlossenen, unverzweigten Stromkreis besteht an jeder Stelle die gleiche Stromstärke.

Im stationären Zustand (=keine zeitlichen Veränderungen) ergibt sich für ein Zeitintervall Δt

$$I = \frac{Q}{\Delta t} \tag{2.2}$$

oder

$$Q = I \cdot \Delta t \tag{2.3}$$

Zahlenbeispiel: mit I=1A und Δt=1s folgt

$$Q = 1A \cdot 1s = 1As = 1C \tag{2.4}$$

Grundsatz: **Technische Berechnungen immer mit Einheiten durchführen!**

Hier zeigt sich die Äquivalenz der Einheiten „Ampere-Sekunde (As)" und „Coulomb (C)"

Fallbeispiel 2.1. Einheitenumwandlung.
Bei Batterien wird für Ladung die Einheit „Ah" (Ampere-Stunde) verwendet.

Zeiteinheit

$$1h = 60\,\text{min} \tag{2.5}$$
$$1\,\text{min} = 60s \tag{2.6}$$

Umrechnung Stunde in Sekunde

$$1h = 60\,\text{min} = 60 \cdot 60\,s = 3600\,s \tag{2.7}$$

$$3600\,s = 1h \tag{2.8}$$
$$1s = \frac{1}{3600} h \tag{2.9}$$

Umrechnung Coulomb in Ah

$$1C = 1As = 1A\frac{h}{3600} \tag{2.10}$$

Somit folgt

$$1C = \frac{1}{3600} Ah \tag{2.11}$$

und weiter

$$1Ah = 3600\,C \tag{2.12}$$

Tabelle 2.1. Auswahl wichtiger Einheiten.

Größe	Formel-Buchstabe	Einheit	Alternativ-Einheit	Bezeichnung
Spannung	U	=1V		Volt
Strom	I	=1A		Ampere
Widerstand	R	=1Ω	=1V/A	Ohm
Leitwert	G	=1S	=1A/V	Siemens
Leistung	P	=1W	=1VA	Watt
Induktivität	L	=1H	=1Vs/A	Henry
Kapazität	C	=1F	=1As/V	Farad
Ladung	Q	=1C	=1As =1Ah/3600	Coulomb
Zeit		t =1s	=1h/3600 =1min/60	Sekunde
Frequenz	f	=1Hz	=1/s	Hertz
Energie	W	=1J	=1Ws =1Wh/3600	Joule

Tabelle 2.2. Dezimale Teile und Vielfache von Einheiten

Bruchteile			Vielfache			Faktoren		
Piko	p	$=10^{-12}$	Kilo	k	$=10^{3}$	Prozent	1%	$=10^{-2}$
Nano	n	$=10^{-9}$	Mega	M	$=10^{6}$	Promille	1‰	$=10^{-3}$
Mikro	µ	$=10^{-6}$	Giga	G	$=10^{9}$	parts per million		
Milli	m	$=10^{-3}$	Tera	T	$=10^{12}$		1 ppm	$=10^{-6}$
Centi	c	$=10^{-2}$						
Dezi	d	$=10^{-1}$						

Bewegte elektrische Ladungen führen zu neuen Wechselwirkungen mit dem elektrischen Leiter, die eine Energiewandlung z.B. in Wärme oder Licht bewirken.

Zur Nutzung der Energie wird ein Energiewandler R benötigt, der örtlich begrenzt in Wechselwirkung mit dem vorhandenen Feld tritt.

Die Komponenten in elektrischen Stromkreisen werden unterteilt in (verlustarme) „Leiter" und „Verbraucher" (Energiewandler).

Die Strom- und Spannungs-Verteilung im Netz wird durch elektrische Quellen verursacht.

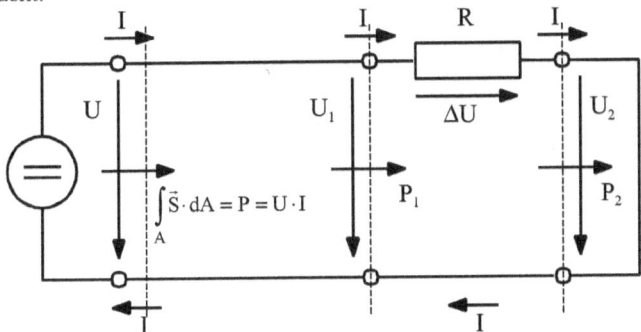

Abb. 2.1. Energietransport von der Quelle zum Widerstand R

Aus dem Energieerhaltungssatz folgt: Ändert sich in einem geschlossenen Stromkreis der Energiefluss, so hat eine Energiewandlung stattgefunden.

Aus dem Ladungserhaltungssatz folgt: Der Strom im geschlossenen Stromkreis ist überall gleich.

Konsequenz: Eine abfallende Spannung zeigt eine Energiewandlung an.

Leistungsbilanz $\quad P_1 = U_1 \cdot I$ \hfill (2.13)

$$P_2 = U_2 \cdot I \qquad (2.14)$$

In R gewandelte Leistung

$$\Delta P = P_1 - P_2 \qquad (2.15)$$

Im vorliegenden Fall gilt

$$\Delta P = U_1 \cdot I_1 - U_2 \cdot I_2 \qquad (2.16)$$

$$\Delta P = (U_1 - U_2) \cdot I \qquad (2.17)$$

$$\Delta P = \Delta U \cdot I \qquad (2.18)$$

Die zwischen den beiden Polen des Widerstandes gemessene Spannung ΔU wird „Spannungsabfall" genannt.

Konsequenz: Tritt an einem stromdurchflossenen Zweipol ein Spannungsabfall auf, so findet in dem Zweipol eine Energiewandlung statt. Ein passiver Zweipol nimmt Leistung auf.

Im vorliegenden Sonderfall gilt:

mit	$U_2 = 0 V$	(2.19)
und	$U_1 = U$	(2.20)
folgt	$\Delta P = U \cdot I$	(2.21)

Die gesamte abgegebene Leistung wird im Widerstand R gewandelt („einziger Verbraucher").

Während eines Zeitintervalls

$$\Delta t = t_2 - t_1 \qquad (2.22)$$

wird in dem Widerstand R die folgende Energie gewandelt:

$$W = \int_{t_1}^{t_2} P(t) dt \qquad (2.23)$$

oder

$$W = \int_{t_1}^{t_2} U(t) \cdot I(t) \cdot dt \qquad (2.24)$$

Im stationären Zustand (=keine zeitlichen Veränderungen) folgt

$$W = U \cdot I \cdot \Delta t \qquad (2.25)$$

Während Δt in R gewandelte Energie.

3 Ohmsches Gesetz

Wird ein elektrischer Widerstand von einem Strom durchflossen, so tritt zwischen den Kontakten eine elektrische Spannung auf. Von Georg Simon Ohm wurde 1827 folgender Zusammenhang entdeckt:

$$U = I \cdot R \qquad (3.1)$$

Der Widerstand R ist eine materialabhängige Größe.
Bei der linearen Netzwerkanalyse wird der Widerstand als konstant betrachtet.

Das Ohmsche Gesetz kann auch mit dem Leitwert G des Widerstandes definiert werden:

$$I = U \cdot G \qquad (3.2)$$

Einheit des Widerstandes

$$R = \frac{U}{I} \quad \rightarrow \quad 1\Omega = 1\frac{V}{A} \qquad \text{[Ohm]} \qquad (3.3)$$

Einheit des Leitwertes

$$G = \frac{I}{U} \quad \rightarrow \quad 1S = 1\frac{A}{V} \qquad \text{[Siemens]} \qquad (3.4)$$

Der Zusammenhang zwischen U und I beschreibt eine Materialeigenschaft, die als „Widerstand R" oder „Leitwert G" ausgedrückt werden kann.
Leitwert und Widerstand sind komplementäre Beschreibungen des gleichen physikalischen Phänomens:

$$R = \frac{1}{G} \qquad (3.5)$$

In Abhängigkeit von zu lösenden Problemen der Netzwerkanalyse kann wahlweise mit Widerstand R oder Leitwert G gearbeitet werden. Zu bevorzugen ist die Größe, die zu einfacheren Beziehungen führt.

Die Leistung, die ein Widerstand R aufnimmt beträgt mit (2.21)

$$P = U \cdot I \qquad (3.6)$$

mit Strom I und Spannungsabfall U am Widerstand R.

3 Ohmsches Gesetz

Ist nur die Spannung U bekannt folgt mit (3.1)

$$I = \frac{U}{R} \tag{3.7}$$

eingesetzt in (3.6)
$$P = U \cdot \frac{U}{R} \tag{3.8}$$

oder
$$P = \frac{U^2}{R} \tag{3.9}$$

Analog folgt die Leistung bei bekanntem Strom

$$P = I^2 \cdot R \tag{3.10}$$

Fallbeispiel 3.1.
Ein Widerstand R besitzt die maximal zulässige Verlustleistung P_{max}

a) Erstellen Sie eine vollständig beschriftete Schaltskizze der Anordnung Spannungsquelle - Widerstand.

Hinweis: Zählpfeile und Vorzeichenregeln in linearen Netzwerken.

- Zählpfeile an einer Quelle: Strom- und Spannungspfeile sind entgegengerichtet. Konsequenz: positive Leistung bedeutet „Leistungsabgabe" → „Erzeuger-Zählpfeile"
- Zählpfeile an einem passiven Zweipol: Strom- und Spannungspfeile sind gleichgerichtet. Konsequenz: positive Leistung bedeutet „Leistungsaufnahme" → „Verbraucher-Zählpfeile"

b) Mit welcher Spannung darf der Widerstand maximal betrieben werden?
c) Welcher Strom stellt sich bei dieser Spannung ein?
d) Welche Zahlenwerte ergeben sich mit R=4,7 kΩ, P_{max}=0,5W ?

Lösung zu a). Schaltungsskizze.

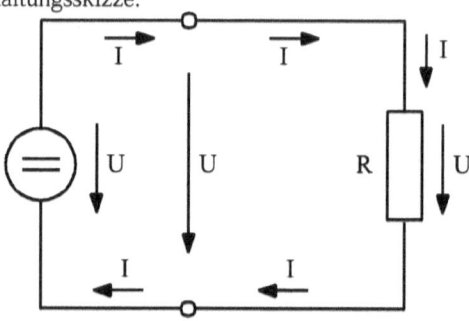

Abb. 3.1. Schaltungsskizze mit Zählpfeilen.

Lösung zu b).
Maximal zulässige Verlustleistung

aus (3.9) folgt $$P_{max} = \frac{U_{max}^2}{R} \tag{3.11}$$

gegeben: P_{max} und R → gesucht: U_{max}

(3.11) schrittweise umstellen $$U_{max}^2 = P_{max} \cdot R \tag{3.12}$$

maximal zulässige Spannung $$U_{max} = \sqrt{P_{max} \cdot R} \tag{3.13}$$

Lösung zu c).
Zur Berechnung des Stromes existieren mehrere Lösungsmöglichkeiten:

1. Ansatz: Leistungsgesetz $$I_{max1} = \frac{P_{max}}{U_{max}} \tag{3.14}$$

2. Ansatz: Ohmsches Gesetz $$I_{max2} = \frac{U_{max}}{R} \tag{3.15}$$

3. Ansatz: Zur Vermeidung von Fehlerfortpflanzung bei der numerischen Auswertung: I_{max} unabhängig vom numerischen Wert U_{max} ermitteln:

(3.13) in (3.15) $$I_{max3} = \frac{\sqrt{P_{max} \cdot R}}{R} = \frac{\sqrt{P_{max} \cdot R}}{\sqrt{R^2}} \tag{3.16}$$

oder $$I_{max3} = \sqrt{\frac{P_{max}}{R}} \tag{3.17}$$

Lösung zu d).
Mit den Zahlenwerten R=4,7kΩ und P_{max}=0,5W folgt:

(3.13) $$U_{max} = \sqrt{0,5W \cdot 4,7 k\Omega} \tag{3.18}$$

Empfehlung:
Zur Erleichterung der Einheiten-Probe: auf Basiseinheiten umwandeln (Tabelle 2.1 und Tabelle 2.2).

$$U_{max} = \sqrt{0{,}5\, VA \cdot 4{,}7 \cdot 10^3 \frac{V}{A}} \qquad (3.19)$$

$$U_{max} = \sqrt{2{,}35 \cdot 10^3 V^2} \qquad (3.20)$$

$$U_{max} = 48{,}48\, V \qquad (3.21)$$

Der Strom folgt aus (3.17)

$$I_{max} = \sqrt{\frac{0{,}5\, VA}{4{,}7 \cdot 10^3 \frac{V}{A}}} = \sqrt{\frac{0{,}5\, VA\, A}{4{,}7 \cdot 10^3 V}} \qquad (3.22)$$

$$I_{max} = 1{,}031 \cdot 10^{-2}\, A = 10{,}31 \cdot 10^{-3}\, A = 10{,}31\, mA \qquad (3.23)$$

Anmerkung: Formateinstellung bei Taschenrechnern: Engineering-Format (eng) gibt bei den Zehnerpotenzen immer Vielfache von 3 an, um Vorsätze wie milli, mikro, kilo, Mega usw. ohne Kommaveränderung einsetzen zu können.
Im Scientific-Format (sci) treten alle Zehnerpotenzen auf.

4 Elektrische Quellen

Lineare elektrische Quellen können bezüglich ihres Klemmenverhaltens entweder als Spannungsquelle oder als Stromquelle dargestellt werden.

4.1 Eingeprägte Spannungsquelle

Eingeprägte Spannungsquellen weisen eine konstante Spannung unabhängig vom Lastwiderstand R_L auf.

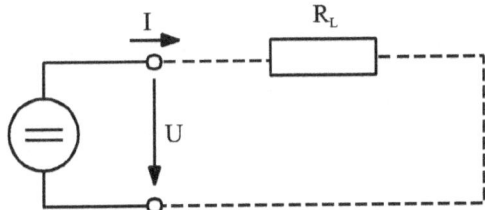

Abb.4.1. Eingeprägte Spannungsquelle.

Strom-Spannungs-Kennlinie

$$U(I) = U_{oc} \tag{4.1}$$

U_{oc} = open circuit voltage = Leerlaufspannung

Last-Kennlinie des Widerstands

$$U_L(I) = I \cdot R_L \tag{4.2}$$

Arbeitspunkte sind Schnittpunkte der Kennlinien.

Aus (4.1) mit (4.2) folgt somit:

$$U_{oc} = I \cdot R_L \tag{4.3}$$

oder $\qquad I = \dfrac{U_{oc}}{R_L}$ (4.4)

Verbotener Betriebszustand: Lastwiderstand $R_L=0\Omega$ (Kurzschluss)

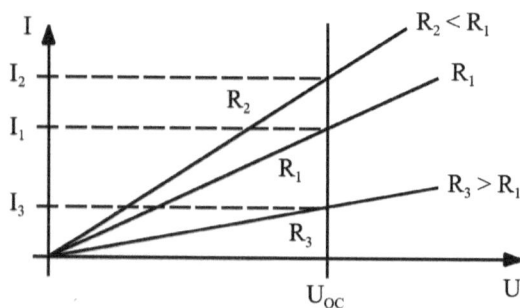

Abb.4.2. Strom-Spannungs-Kennlinie der eingeprägten Spannungsquelle.

Bei kleinen Widerständen treten hohe Ströme auf. Konsequenz:

→ Gefahr bei Kurzschluss
→ keine Gefahr bei Leerlauf

4.2 Eingeprägte Stromquelle

Eingeprägte Stromquellen weisen einen konstanten Strom unabhängig vom Lastwiderstand R_L auf.

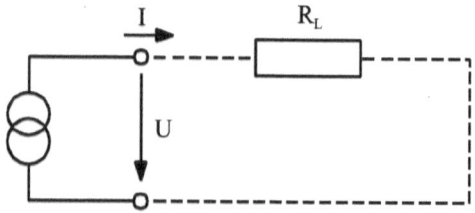

Abb. 4.3. Eingeprägte Stromquelle.

Strom-Spannungs-Kennlinie

$$I(U) = I_{sc} \qquad (4.5)$$

I_{sc} = short circuit current = Kurzschlussstrom

Last-Kennlinie des Widerstands

$$I_L(U) = \frac{U}{R_L} \tag{4.6}$$

Arbeitspunkte sind Schnittpunkte der Kennlinien.

Aus (4.5) mit (4.6) folgt somit:

$$I_{sc} = \frac{U}{R_L} \tag{4.7}$$

oder $\quad U = I_{sc} \cdot R_L \tag{4.8}$

Verbotener Betriebszustand: Lastwiderstand $R_L \to \infty$ (Leerlauf)

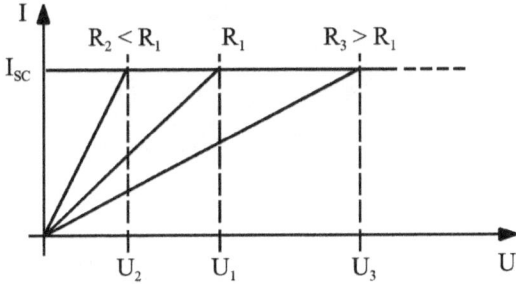

Abb. 4.4. Strom-Spannungs-Kennlinie der eingeprägten Stromquelle.

Bei großen Widerständen treten hohe Spannungen auf. Konsequenz:

→ Gefahr bei Leerlauf
→ keine Gefahr bei Kurzschluss

4.3
Lineare Quelle mit Innenwiderstand

Reale Quellen arbeiten nicht verlustfrei. Die inneren Verluste können durch einen Innenwiderstand beschrieben werden. Die folgende Abbildung 4.5. zeigt die Kennlinie einer linearen Quelle mit Innenwiderstand.

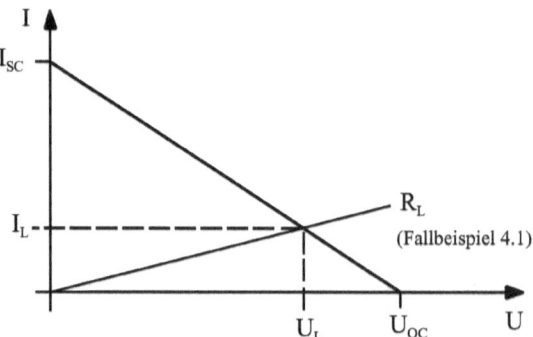

Abb. 4.5. Strom-Spannungs-Kennlinie einer linearen Quelle mit Innenwiderstand.

Für die Beschreibung der Kennlinie nach Abb. 4.5 stehen zwei äquivalente Ersatzschaltbilder zur Verfügung.

1. Alternative

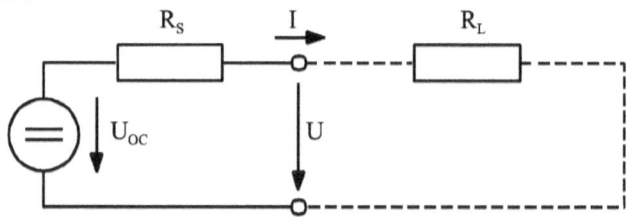

Abb. 4.6. Spannungsquelle mit Serien-Innenwiderstand.

Zugehörige Kennlinie

$$U(I) = U_{oc} - I \cdot R_s \qquad (4.9)$$

und

$$I_{sc} = \frac{U_{oc}}{R_s} \qquad (4.10)$$

2. Alternative

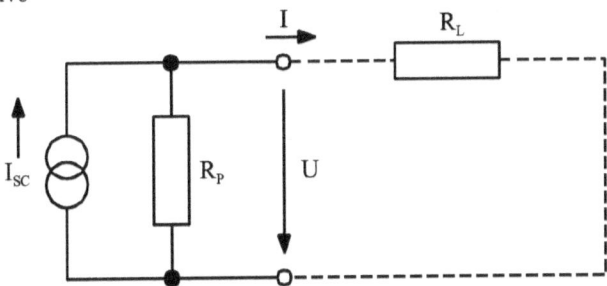

Abb. 4.7. Stromquelle mit Parallel-Innenwiderstand.

Zugehörige Kennlinie

$$I(U) = I_{sc} - \frac{U}{R_p} \quad (4.11)$$

und

$$U_{oc} = I_{sc} \cdot R_p \quad (4.12)$$

Äquivalenz von Energiequellen liegt vor, wenn ihre Kennlinien gleich sind. Hinreichende Bedingung für die Äquivalenz linearer Quellen:
Gleiche Leerlaufspannung und gleicher Kurzschlussstrom.

$$U(I = 0) = U_{oc} \quad (4.13)$$

und

$$I(U = 0) = I_{sc} \quad (4.14)$$

Äquivalenz von Strom- und Spannungsquelle mit Innenwiderstand liegt vor wenn gilt (4.12) mit (4.10):

$$I_{sc} \cdot R_p = I_{sc} \cdot R_s \quad (4.15)$$

oder

$$R_p = R_s \quad (4.16)$$

Somit kann ein allgemeiner Innenwiderstand R_i definiert werden:

$$R_i = R_p = R_s \quad (4.17)$$

Bei bekannter Leerlaufspannung folgt

$$I_{sc} = \frac{U_{oc}}{R_i} \quad (4.18)$$

Bei bekanntem Kurzschlussstrom folgt

$$U_{oc} = I_{sc} \cdot R_i \quad (4.19)$$

Die Anwendung eines Beschreibungsmodells für lineare Quellen kann frei gewählt werden. Bevorzugt wird i.A. das Modell, das zu einfacheren Beziehungen führt.

Fallbeispiel 4.1. Kennlinie einer Bleibatterie.

Eine 12-V-Batterie (Nennspannung) weist die folgende aktuelle Leerlaufspannung auf:

$$U_{oc} = 12{,}6\,V \tag{4.20}$$

Bei Anschluss eines Lastwiderstandes

$$R_{L1} = 4{,}7\,\Omega \tag{4.21}$$

tritt der folgende Laststrom ein:

$$I_{L1} = 2{,}42\,A \tag{4.22}$$

a) Beschreiben Sie die Batterie als Spannungsquelle mit Innenwiderstand R_i
b) Bei welchem Lastwiderstand R_{L2} fließen genau $I_{L2}=10A$ Laststrom? Welche Leistung gibt die Batterie ab?
c) Wie hoch ist der Kurzschlussstrom? Welche Leistung gibt die Batterie im Kurzschluss ab?

Lösung zu a). Kennlinie der Spannungsquelle mit Innenwiderstand.

Kennliniengleichung der Spannungsquelle

$$U(I) = U_{oc} - I \cdot R_i \tag{4.23}$$

Kennliniengleichung des Lastwiderstandes

mit $$U(I_{L1}) = I_{L1} \cdot R_{L1} \tag{4.24}$$

folgt $$I_{L1} \cdot R_{L1} = U_{oc} - I_{L1} \cdot R_i \tag{4.25}$$

oder $$R_i = \frac{U_{oc} - I_{L1} \cdot R_{L1}}{I_{L1}} \tag{4.26}$$

oder $$R_i = \frac{U_{oc}}{I_{L1}} - R_{L1} \tag{4.27}$$

Zahlenwert $$R_i = 0{,}507\,\Omega \tag{4.28}$$

Lösung zu b). Arbeitspunkt durch Lastwiderstand R_{L2}.

Arbeitspunkt: Spannung bei gefordertem Strom $I_{L2}=10A$

(4.23) $$U(I_{L2}) = U_{oc} - I_{L2} \cdot R_i \qquad (4.29)$$

Es folgt der Lastwiderstand R_{L2}

$$R_{L2} = \frac{U(I_{L2})}{I_{L2}} \qquad (4.30)$$

mit (4.29) $$R_{L2} = \frac{U_{oc} - I_{L2} \cdot R_i}{I_{L2}} \qquad (4.31)$$

folgt $$R_{L2} = \frac{U_{oc}}{I_{L2}} - R_i \qquad (4.32)$$

Zahlenwert $\quad R_{L2} = 0{,}753\,\Omega \qquad (4.33)$

Die Leistungsaufnahme beträgt bei dem hier auftretenden Strom $I_{L2}=10A$

$$P = I_{L2}^2 \cdot R_{L2} \qquad (4.34)$$

Zahlenwert $\quad P = 75{,}3\,W \qquad (4.35)$

Lösung zu c). Kurzschluss.

Umkehrfunktion der Kennliniengleichung der Spannungsquelle

(4.23) $$I(U) = \frac{U_{oc} - U}{R_i} \qquad (4.36)$$

Es folgt der Kurzschlussstrom

$$I_{sc} = I(0V) = \frac{U_{oc}}{R_i} \qquad (4.37)$$

Zahlenwert $\quad I_{sc} = 24{,}85\,A \qquad (4.38)$

Leistungsabgabe: keine → die gesamte durch die Wandlung am Innenwiderstand bei Kurzschluss freigesetzte Energie wird in der Batterie in Wärme gewandelt → gefährlich!

5 Leistungsanpassung

In einer linearen Quelle mit Innenwiderstand treten bei Leistungsabgabe leistungsabhängige Verluste im Innenwiderstand auf.
Leistungsabgabe einer elektrischen Quelle

$$P(U) = U \cdot I(U) \tag{5.1}$$

Kennlinie der linearen Spannungsquelle mit Innenwiderstand R_i

$$U(I) = U_{oc} - I \cdot R_i \tag{5.2}$$

Umkehrfunktion

$$I(U) = \frac{U_{oc}}{R_i} - \frac{U}{R_i} \tag{5.3}$$

mit dem Kurzschlussstrom

$$I_{sc} = \frac{U_{oc}}{R_i} \tag{5.4}$$

folgt

$$I(U) = I_{sc} - \frac{U}{R_i} \tag{5.5}$$

Es folgt aus (5.1) mit (5.5) die Leistungsabgabe in Abhängigkeit von der Betriebsspannung

$$P(U) = U \cdot (I_{sc} - \frac{U}{R_i}) \tag{5.6}$$

oder

$$P(U) = U \cdot I_{sc} - \frac{U^2}{R_i} \tag{5.7}$$

Kurzschluss $\quad P(U=0) = 0 \tag{5.8}$

Leerlauf $\quad P(U = U_{oc}) = U_{oc} \cdot I_{sc} - \frac{U_{oc}}{R_i} U_{oc} \tag{5.9}$

mit (5.4) $\quad P(U = U_{oc}) = U_{oc} \cdot I_{sc} - I_{sc} \cdot U_{oc} = 0 \tag{5.10}$

Keine Leistungsabgabe im Leerlauf und im Kurzschluss.

Fallbeispiel 5.1. Leistungsverlauf einer Batterie.
Gegeben sind die folgenden Kennwerte einer Batterie:

Leerlaufspannung $\quad U_{oc} = 12\,V \quad$ (5.11)

Kurzschlussstrom $\quad I_{sc} = 24\,A \quad$ (5.12)

a) Beschreiben Sie die Batterie
    als Spannungsquelle mit Serien-Innenwiderstand R_i
b) Berechnen Sie eine Wertetabelle für U, I und P im Bereich U=0V,1V...12V
c) Stellen Sie die Ergebnisse in einem I/U-Diagramm und P/U-Diagramm dar.
    (Gemeinsame Abszisse U und zwei Ordinaten-Achsen I und P)

Lösung zu a). Bei bekannter Leerlaufspannung und bekanntem Kurzschlussstrom folgt der Innenwiderstand

$$R_i = \frac{U_{oc}}{I_{sc}} \quad (5.13)$$

oder $\quad R_i = 0{,}5\,\Omega \quad$ (5.14)

Mit der Batterie-Kennlinie (5.5)

$$I(U) = I_{sc} - \frac{U}{R_i} \quad (5.15)$$

kann somit die Wertetabelle berechnet werden.

Lösung zu b). Wertetabelle.

Tabelle 5.1. Strom-Spannungs- und Leistungsverlauf

$\dfrac{U}{V}$	$\dfrac{I}{A}$	$\dfrac{P = U \cdot I}{W}$
0	24	0
1	22	22
2	20	40
3	18	54
4	16	64
5	14	70
6	12	72
7	10	70
8	8	64
9	6	54
10	4	40
11	2	22
12	0	0

Lösung zu c). I/U- und P/U-Diagramm.

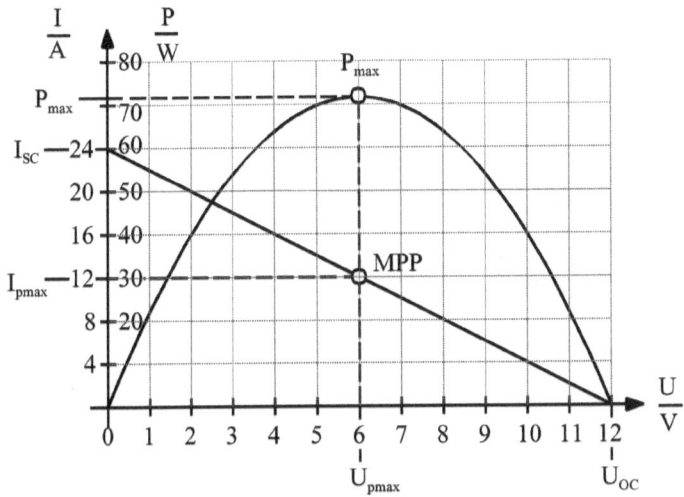

Abb. 5.1. I-U-Kennlinie und Leistungskennlinie.

Eine monoton fallende I/U-Kennlinie besitzt genau einen Punkt maximaler Leistung.

MPP = Maximum Power Point
mit der Leistung P_{max}, die im Arbeitspunkt U_{pmax}/I_{pmax} abgegeben wird.

Ermittlung des MPP

aus (5.7) folgt
$$P(U) = U \cdot I_{sc} - \frac{U^2}{R_i} \tag{5.16}$$

Der MPP ist definiert durch

$$\frac{dP}{dU} = 0 \tag{5.17}$$

mit
$$\frac{dP}{dU} = I_{sc} - \frac{2U}{R_i} \tag{5.18}$$

folgt
$$I_{sc} - \frac{2U_{p\,max}}{R_i} = 0 \tag{5.19}$$

Spannung im MPP

$$U_{p\,max} = \frac{I_{sc} \cdot R_i}{2} \qquad (5.20)$$

oder mit (5.4)

$$U_{p\,max} = \frac{U_{oc}}{2} \qquad (5.21)$$

Strom im MPP aus (5.5) mit (5.21)

folgt
$$I(U_{p\,max}) = I_{sc} - \frac{U_{oc}}{2 \cdot R_i} \qquad (5.22)$$

und weiter mit (5.4)

$$I_{p\,max} = I_{sc} - \frac{I_{sc}}{2} \qquad (5.23)$$

oder
$$I_{p\,max} = \frac{I_{sc}}{2} \qquad (5.24)$$

Lineare Quellen geben ihre maximale Leistung bei halbem Kurzschlussstrom und halber Leerlaufspannung ab. Die maximal verfügbare Leistung beträgt somit

$$P_{max} = \frac{U_{oc} \cdot I_{sc}}{4} \qquad (5.25)$$

Fallbeispiel 5.2. Maximale Leistungsabgabe einer Bleibatterie.
a) Welche maximale Leistung kann die Batterie aus Fallbeispiel 5.1 abgeben?
b) Welche Leistung kann die Batterie abgeben, wenn bei gleicher Leerlaufspannung der Innenwiderstand nur $R_{i2}=0{,}1\Omega$ beträgt?

Lösung zu a)

Zahlenwerte aus Fallbeispiel 5.1

Leerlaufspannung $\qquad U_{oc} = 12\,V \qquad (5.26)$

Kurzschlussstrom $\qquad I_{sc} = 24\,A \qquad (5.27)$

Innenwiderstand $\qquad R_{i1} = 0{,}5\,\Omega \qquad (5.28)$

Die Spannung im MPP folgt aus (5.21)

$$U_{p\max} = \frac{U_{oc}}{2} = 6V \qquad (5.29)$$

Es folgt der Strom im MPP mit (5.24)

$$I_{p\max} = \frac{I_{sc}}{2} = 12\,A \qquad (5.30)$$

Somit folgt die maximale Leistung

$$P_{\max} = U_{p\max} \cdot I_{p\max} = 72W \qquad (5.31)$$

Lösung zu b)
Modifizierte Strom-Spannungskennlinie durch veränderten Innenwiderstand

mit $\qquad R_{i2} = 0{,}1\,\Omega \qquad (5.32)$

folgt $\qquad U_2(I) = U_{oc} - I \cdot R_{i2} \qquad (5.33)$

veränderter Kurzschlussstrom

$$U_2(I_{sc2}) = U_{oc} - I_{sc2} \cdot R_{i2} = 0 \qquad (5.34)$$

oder $\qquad I_{sc2} = \dfrac{U_{oc}}{R_{i2}} = \dfrac{12V}{0{,}1\,\Omega} = 120\,A \qquad (5.35)$

folgt $\qquad I_{p\max 2} = \dfrac{I_{sc2}}{2} = 60\,A \qquad (5.36)$

veränderte maximale Leistung

$$P_{\max 2} = U_{p\max} \cdot I_{p\max 2} = 360W \qquad (5.37)$$

Der Innenwiderstand begrenzt den Kurzschlussstrom und die verfügbare Leistung.

Fallbeispiel 5.3. Leistungsabgabe einer Steckdose 230V
An einer Steckdose wird bei Leerlauf die Spannung U_{oc}=230V gemessen. Bei Entnahme von I_1=10A beträgt die Spannung noch U_1=227V. Der Stromkreis ist mit I_{max}=16A abgesichert.
a) Wie groß ist die verfügbare Leistung?
b) Welcher Bruchteil davon kann aufgrund der Absicherung tatsächlich nur entnommen werden?

Lösung zu a)
Beschreibung der Quelle als Spannungsquelle mit R_i.

$$U(I) = U_{oc} - I \cdot R_i \qquad (5.38)$$

Ermittlung der Parameter der Kennliniengleichung.
Grundsatz: zur eindeutigen Bestimmung von n unabhängigen Gleichungsparametern müssen auch n unabhängige Bestimmungsgleichungen bekannt sein. Hier: Zwei unabhängige Gleichungsparameter:

$$U_{oc} \quad und \quad R_i \qquad (5.39)$$

Konsequenz: es werden zwei unabhängige Bestimmungsgleichungen benötigt.

1. $\qquad U(I=0) = U_{oc} \quad mit \quad U(0A) = 230 V \qquad (5.40)$
2. $\qquad U(I=I_1) = U_1 \quad mit \quad U(10A) = 227 V \qquad (5.41)$

Aus (5.40) folgt

$$U_{oc} = 230 V \qquad (5.42)$$

Mit der nun bekannten Leerlaufspannung kann R_i ermittelt werden.
Aus (5.41) folgt

$$U_1 = U_{oc} - I_1 \cdot R_i \qquad (5.43)$$

oder $\qquad R_i = \dfrac{U_{oc} - U_1}{I_1} \qquad (5.44)$

Zahlenwerte

$$R_i = \frac{230V - 227V}{10A} \qquad (5.45)$$

oder $\qquad R_i = 0{,}3\,\Omega \qquad (5.46)$

Der MPP einer linearen Quelle liegt bei

$$U_{p\max} = \frac{U_{oc}}{2} \tag{5.47}$$

und

$$I_{p\max} = \frac{I_{sc}}{2} \tag{5.48}$$

Der Kurzschlussstrom folgt aus der Kennlinie

$$U(I_{sc}) = U_{oc} - I_{sc} \cdot R_i = 0 \tag{5.49}$$

oder

$$I_{sc} = \frac{U_{oc}}{R_i} \tag{5.50}$$

(5.50) in (5.48)

$$I_{p\max} = \frac{U_{oc}}{2R_i} \tag{5.51}$$

MPP

$$P_{\max} = U_{p\max} \cdot I_{p\max} \tag{5.52}$$

oder

$$P_{\max} = \frac{U_{oc}}{2} \cdot \frac{U_{oc}}{2R_i} \tag{5.53}$$

$$P_{\max} = \frac{U_{oc}^2}{4R_i} \tag{5.54}$$

Mit den bekannten Zahlenwerten folgt

$$P_{\max} = \frac{230^2 V^2}{4 \cdot 0{,}3\,\Omega} = 44{,}08\,kW \tag{5.55}$$

Lösung zu b)
Der höchste zulässige Laststrom ist gegeben durch die Sicherung:

$$I_{L\max} = 16\,A \tag{5.56}$$

Aus der Kennlinie folgt

$$U_{L\max} = U(I_{L\max}) \tag{5.57}$$

oder
$$U_{L\max} = U_{oc} - I_{L\max} \cdot R_i \tag{5.58}$$

$$U_{L\max} = 230V - 16A \cdot 0{,}3\Omega \tag{5.59}$$

$$U_{L\max} = 225{,}2V \tag{5.60}$$

Maximal erlaubte Leistungsentnahme

$$P_{L\max} = U_{L\max} \cdot I_{L\max} \tag{5.61}$$

$$P_{L\max} = 3{,}60\,kW \tag{5.62}$$

Zulässige Belastung, ausgedrückt als Bruchteil der maximal möglichen Leistung:

$$p = \frac{P_{L\max}}{P_{\max}} \tag{5.63}$$

$$p = \frac{3{,}60\,kW}{44{,}08\,kW} = 0{,}0817 \tag{5.64}$$

Hinweis: Ergebnisformat in % mit Mathcad:
Mathcad besitzt die vordefinierte Einheit

$$\% = \frac{1}{100} \tag{5.65}$$

Somit folgt der Faktor

$$100 \cdot \% = 100 \cdot \frac{1}{100} = 1 \tag{5.66}$$

Multiplikation mit 100 % verändert den Wert nicht.

Darstellung des Ergebnisses mit der Einheit %

$$p = 0{,}0817 \cdot 100 \cdot \% \tag{5.67}$$

$$p = 8{,}17 \cdot \% \tag{5.68}$$

6 Verzweigter Stromkreis

Bisher waren die Betrachtungen zu Strom/Spannung/Leistung auf den einfachen Stromkreis beschränkt. Durch Zusammenschaltung von einzelnen Zweipolen lassen sich verzweigte Netzwerke aufbauen.

6.1
Zweipol als Schaltelement

Ein Zweipol ist gekennzeichnet durch zwei Größen: Die Spannung zwischen seinen Klemmen und dem zwischen ihnen fließenden Strom.

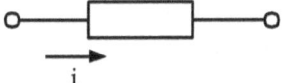

Abb. 6.1. Zählpfeil zur Kennzeichnung eines Stromes.

Die Zählrichtungen für Strom und Spannung können an jedem Zweipol unabhängig voneinander gewählt werden. Es gibt also zwei Möglichkeiten der Zuordnung [6]:

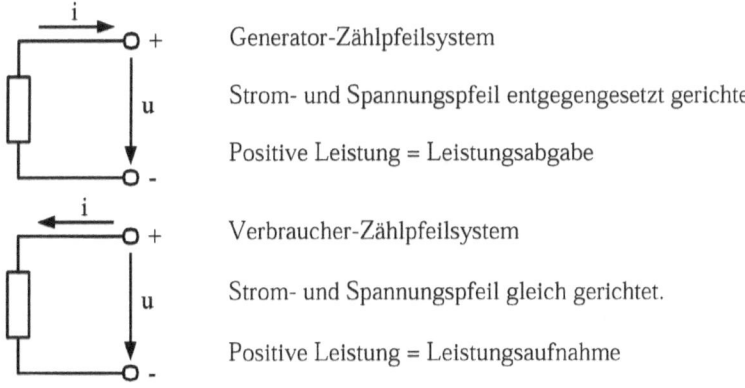

Generator-Zählpfeilsystem

Strom- und Spannungspfeil entgegengesetzt gerichtet.

Positive Leistung = Leistungsabgabe

Verbraucher-Zählpfeilsystem

Strom- und Spannungspfeil gleich gerichtet.

Positive Leistung = Leistungsaufnahme

Abb.6.2. Zählpfeilsysteme.

6.2
Zweipolnetze und die Kirchhoffschen Gesetze

Mehrere Zweipole können durch Verbindungsdrähte, die wir als widerstandslos annehmen wollen, zu einem Netz zusammengefügt werden.

Ein solches Netz enthält *Zweige*, die aus den erwähnten Zweipolen bestehen und *Knoten*, an denen die einzelnen Zweipole miteinander verbunden sind.

Es ist Aufgabe der Netzwerkanalyse, Ströme und Spannungen in den einzelnen Zweigen zu berechnen, wenn in bestimmten anderen Zweigen die Ströme oder Spannungen vorgegeben sind.

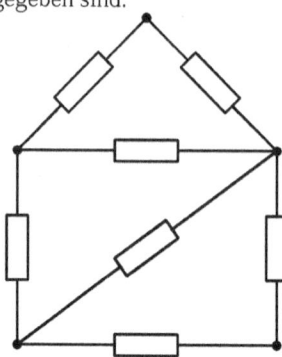

Abb. 6.3. Beispiel für ein Netz.

Die folgenden Gesetze werden für lineare Netzwerke im stationären Zustand (=keine zeitlichen Veränderungen für Ströme und Spannungen) hergeleitet.

Wichtige: *Alle Zweipole* des *gesamten Netzes* müssen nach dem *gleichen Zählpfeilsystem* beschrieben werden!

1. *Kirchhoffsches Gesetz:* Knotenregel.

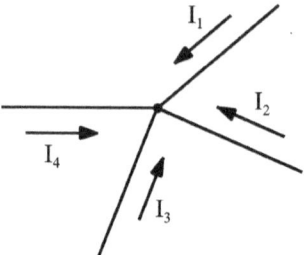

Abb. 6.4. Knoten eines Netzes.

Aus dem Ladungserhaltungssatz folgt: Im stationären Zustand kann sich keine Ladungsänderung im Knoten ergeben.

Konsequenz: Die Summe aller (vorzeichenbehafteten) zufließenden Ströme ist Null.

$$\sum_n I_n = 0 \tag{6.1}$$

Anmerkung: andere Formulierungen dieses Gesetzes, z.B. die Unterscheidung zu- und abfließender Ströme sind möglich. Um Missverständnisse zu vermeiden wird hier nur die genannte Formulierung (6.1) verwandt.

2. *Kirchhoffsches Gesetz:* Maschenregel.

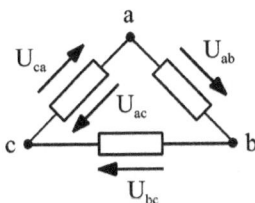

Abb. 6.5. Masche eines Netzes.

Zur eindeutigen Vorzeichen-Bestimmung der Spannung am Zweipol innerhalb einer Masche muss die Umlaufrichtung der Messung innerhalb der Masche festgelegt sein, denn:
Bei Umkehrung der Messrichtung (=Vertauschen der Messleitungen) verändert sich das Vorzeichen. So folgt beispielsweise aus Abb. 6.5.

$$U_{ac} = -U_{ca} \tag{6.2}$$

Festlegung hier: Umlaufrichtung a-b-c-a.
Nach dem Überlagerungssatz gilt für Spannung zwischen Punkt a und c:

$$U_{ab} + U_{bc} = U_{ac} \tag{6.3}$$

Mit der hier festgelegten Umlaufrichtung folgt

$$U_{ab} + U_{bc} = -U_{ca} \tag{6.4}$$

oder

$$U_{ab} + U_{bc} + U_{ca} = 0 \tag{6.5}$$

Konsequenz: Die Summe aller Spannungen in Umlaufrichtung einer geschlossen Masche ist Null. Somit gilt allgemein:

$$\sum_n U_n = 0 \tag{6.6}$$

6.3
Reihenschaltung von Zweipolen

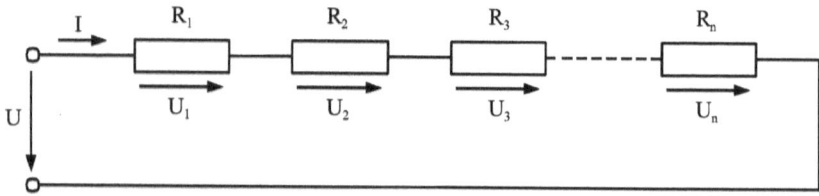

Abb.6.6. Reihenschaltung.

Zur Berechnung des resultierenden Widerstands in Reihe geschalteter Zweipole kann die Kirchhoffsche Maschenregel herangezogen werden. Somit folgt aus Abbildung 6.6:

$$U_1 + U_2 + U_3 + \ldots + U_n - U = 0 \tag{6.7}$$

Im unverzweigten Stromkreis gilt

$$I = const \tag{6.8}$$

Mit dem ohmschen Gesetz folgt somit

$$I \cdot R_1 + I \cdot R_2 + I \cdot R_3 + \ldots + I \cdot R_n = U \tag{6.9}$$

oder

$$I \cdot (R_1 + R_2 + R_3 + \ldots + R_n) = U \tag{6.10}$$

$$\frac{U}{I} = R_1 + R_2 + R_3 + \ldots + R_n \tag{6.11}$$

Mit dem resultierenden Gesamtwiderstand

$$R_{res} = \frac{U}{I} \tag{6.12}$$

folgt bei Reihenschaltung

$$R_{res} = R_1 + R_2 + R_3 + \ldots + R_n \tag{6.13}$$

Bei Reihenschaltung addieren sich die Widerstände.

6.4 Parallelschaltung von Zweipolen

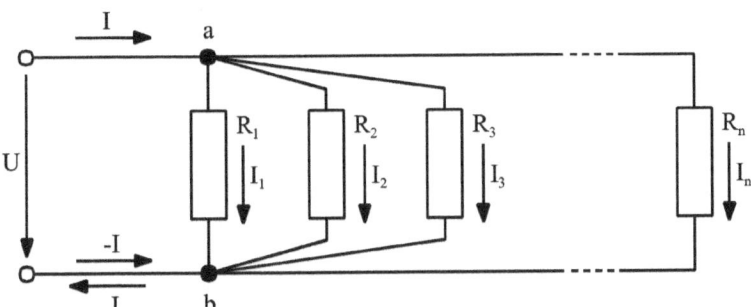

Abb.6.7. Parallelschaltung.

Zur Berechnung des resultierenden Widerstands parallel geschalteter Zweipole kann die Kirchhoffsche Knotenregel herangezogen werden. Das Netzwerk in Abbildung 6.7 besitzt 2 Knoten: a und b. Anwendung der Knotenregel auf Knoten b:

$$I_1 + I_2 + I_3 + \ldots + I_n + (-I) = 0 \tag{6.14}$$

Die Spannung $U = U_{ab}$ ist für alle Widerstände gleich. Somit folgt mit dem ohmschen Gesetz

$$\frac{U}{R_1} + \frac{U}{R_2} + \frac{U}{R_3} + \ldots + \frac{U}{R_n} = I \tag{6.15}$$

Bei Parallelschaltungen ergeben sich einfachere Darstellungen, wenn statt des Widerstandes der äquivalente Leitwert verwandt wird:

$$U \cdot G_1 + U \cdot G_2 + U \cdot G_3 + \ldots + U \cdot G_n = I \tag{6.16}$$

oder $\quad U \cdot (G_1 + G_2 + G_3 + \ldots + G_n) = I \tag{6.17}$

$$\frac{I}{U} = G_1 + G_2 + G_3 + \ldots + G_n \tag{6.18}$$

Mit dem resultierenden Gesamtleitwert

$$G_{res} = \frac{I}{U} \tag{6.19}$$

folgt bei Parallelschaltung

$$G_{res} = G_1 + G_2 + G_3 + \ldots + G_n \tag{6.20}$$

Bei Parallelschaltung addieren sich die Leitwerte.

Sonderfall: Parallelschaltung von 2 Widerständen.
Der Gesamtleitwert bei Parallelschaltung von 2 Leitwerten beträgt

$$G_{res} = G_1 + G_2 \qquad (6.21)$$

Äquivalente Darstellung mit Widerständen

$$\frac{1}{R_{res}} = \frac{1}{R_1} + \frac{1}{R_2} \qquad (6.22)$$

$$\frac{1}{R_{res}} = \frac{R_2 + R_1}{R_1 \cdot R_2} \qquad (6.23)$$

oder $\qquad R_{res} = \dfrac{R_1 \cdot R_2}{R_1 + R_2} \qquad (6.24)$

Definition: Zur Vereinfachung der Formel-Schreibweise dieses häufigen Sonderfalls wird folgender Operator eingeführt: II

$$(R_1 \; II \; R_2) = (\frac{R_1 \cdot R_2}{R_1 + R_2}) \qquad (6.25)$$

In Mathcad können vom Benutzer neue Operatoren definiert werden.
Im vorliegenden Fall ist folgende Operator-Definition geeignet:

$$II(R_1, R_2) := \frac{R_1 \cdot R_2}{R_1 + R_2} \qquad (6.26)$$

Beispiel: Parallelschaltung eines 12Ω-Ω-Widerstandes mit einem 18Ω-Widerstand:

$$(12 \cdot \Omega) \; II \; (18 \cdot \Omega) = 7.2 \; \Omega \qquad (6.27)$$

Der neue Infix-Operator II wird über die Symbolleiste „Auswertung" eingefügt.

7 Netztransfigurationen

Vereinfachung der Netzberechnung durch Vereinfachung der Netzstruktur.

- Verknüpfte Zweipole, durch die derselbe Strom fließt, können als resultierender Reihenwiderstand beschrieben werden.

$$R_{res} = \sum R_i \tag{7.1}$$

- Verknüpfte Zweipole, an denen dieselbe Spannung liegt, können als resultierender Parallel-Leitwert beschrieben werden.

$$G_{res} = \sum G_i \tag{7.2}$$

Durch rekursive Anwendung dieser beiden Beziehungen kann das Netzwerk sukzessiv vereinfacht werden.

Fallbeispiel 7.1. Verlustbehaftete Übertragungsleitung.

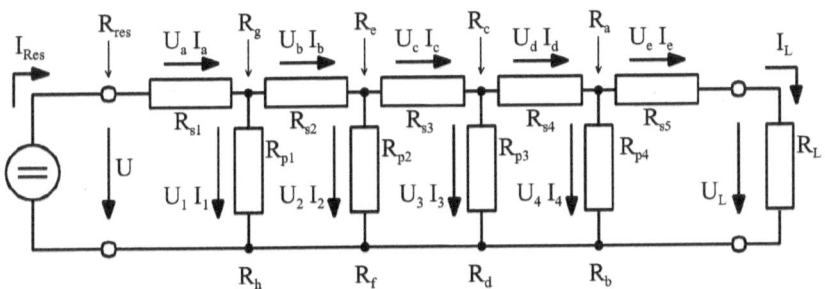

Abb.7.1. Ersatzschaltbild verlustbehaftete Übertragungsleitung.

Zahlenwerte: $U = 230V$
$R_{si} = R_s = 1\Omega$ (für alle i)
$R_{pi} = R_p = 100\ k\Omega$ (für alle i)
$R_L = 24\ \Omega$

a) Welche Leistung gibt die Quelle ab?
b) Welche Leistung nimmt R_L auf?
c) Welchen Übertragungs-Wirkungsgrad besitzt die Leitung?

7 Netztransfigurationen

Lösung zu a)
Die Quelle gibt die folgende Leistung ab:

$$P_1(I_{res}) := U \cdot I_{res} \tag{7.3}$$

oder mit dem resultierenden Netzwiderstand

$$P_1(R_{res}) := \frac{U^2}{R_{res}} \tag{7.4}$$

Mit dem Operator für Parallelschaltung

$$\text{II}(R_1, R_2) := \frac{R_1 \cdot R_2}{R_1 + R_2} \tag{7.5}$$

kann der resultierende Gesamtwiderstand rekursiv berechnet werden.

Tabelle 7.1. Rekursive Berechnung des resultierenden Widerstandes

$R_s := 1 \cdot \Omega \quad R_p := 100 \cdot k\Omega$	$R_L := 24 \cdot \Omega$
$R_a := R_s + R_L$	$R_a = 25 \, \Omega$
$R_b := R_p \text{ II } R_a$	$R_b = 24.994 \, \Omega$
$R_c := R_s + R_b$	$R_c = 25.994 \, \Omega$
$R_d := R_p \text{ II } R_c$	$R_d = 25.987 \, \Omega$
$R_e := R_s + R_d$	$R_e = 26.987 \, \Omega$
$R_f := R_p \text{ II } R_e$	$R_f = 26.98 \, \Omega$
$R_g := R_s + R_f$	$R_g = 27.98 \, \Omega$
$R_h := R_p \text{ II } R_g$	$R_h = 27.972 \, \Omega$
$R_{res} := R_s + R_h$	$R_{res} = 28.972 \, \Omega$

Somit folgt mit U=230V

$$P_1 := \frac{U^2}{R_{res}} \tag{7.6}$$

oder

$$P_1 = 1.826 \, kW \tag{7.7}$$

Lösung zu b)
Leistungsaufnahme durch Widerstand R_L.
Berechnung der Lastspannung U_L und des Laststromes I_L durch schrittweise Annäherung bei bekanntem I_{res}.

$$I_{res} := \frac{U}{R_{res}} \qquad (7.8)$$

Mit der Quellenspannung $U = 230\,V$ folgt der resultierende Strom

$$I_{res} = 7.939\,A \qquad (7.9)$$

Tabelle 7.1. Rekursive Berechnung des resultierenden Widerstandes

$I_a := I_{res}$	$U_a := I_a \cdot R_s$	$U_1 := U - U_a$	$I_1 := \dfrac{U_1}{R_p}$
$I_a = 7.939\,A$	$U_a = 7.939\,V$	$U_1 = 222.061\,V$	$I_1 = 2.221\,mA$
$I_b := I_a - I_1$	$U_b := I_b \cdot R_s$	$U_2 := U_1 - U_b$	$I_2 := \dfrac{U_2}{R_p}$
$I_b = 7.937\,A$	$U_b = 7.937\,V$	$U_2 := 214.125\,V$	$I_2 = 2.141\,mA$
$I_c := I_b - I_2$	$U_c := I_c \cdot R_s$	$U_3 := U_2 - U_c$	$I_3 := \dfrac{U_3}{R_p}$
$I_c = 7.934\,A$	$U_c = 7.934\,V$	$U_3 = 206.19\,V$	$I_3 = 2.062\,mA$
$I_d := I_c - I_3$	$U_d := I_d \cdot R_s$	$U_4 := U_3 - U_d$	$I_4 := \dfrac{U_4}{R_p}$
$I_d = 7.932\,A$	$U_d = 7.932\,V$	$U_4 = 198.258\,V$	$I_4 = 1.983\,mA$
$I_e := I_d - I_4$	$U_e := I_e \cdot R_s$	$U_L := U_4 - U_e$	$I_L := \dfrac{U_L}{R_L}$
$I_e = 7.93\,A$	$U_e = 7.93\,V$	$U_L = 190.328\,V$	$I_L = 7.93\,A$

Somit folgt der Arbeitspunkt des Lastwiderstandes

$$U_L = 190.328 V \tag{7.10}$$

$$I_L = 7.93 \cdot A \tag{7.11}$$

Es folgt weiter die aufgenommene Leistung:

$$P_L := U_L \cdot I_L \tag{7.12}$$

oder $\qquad P_L = 1.509 \cdot kW \tag{7.13}$

Lösung zu c)
Der Übertragungswirkungsgrad ergibt sich aus

$$\eta_\ddot{u} := \frac{P_L}{P_1} \tag{7.14}$$

oder $\qquad \eta_\ddot{u} = 82.7 \cdot \% \tag{7.15}$

8 Ersatz-Quellen

Ein lineares, stationäres Netzwerk aus aktiven und passiven Zweipolen lässt sich durch das Ersatzschaltbild einer linearen Quelle mit Innenwiderstand beschreiben (Satz von Helmholtz/Thevenin).

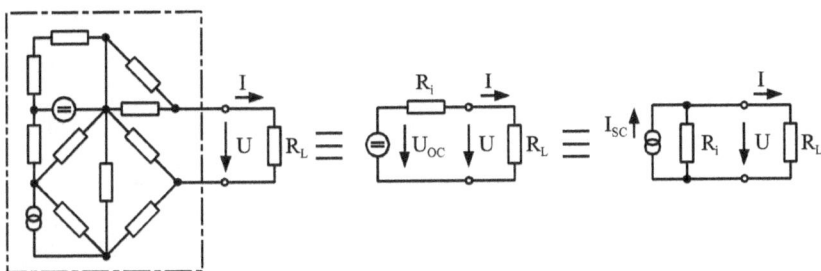

Abb. 8.1. Ersatzschaltbilder für Ersatzquellen.

Das Betriebsverhalten an den Ausgangsklemmen ist vollständig beschrieben durch
    Leerlaufspannung U_{oc} und R_i: Ersatz-Spannungsquelle
oder
    Kurzschlussstrom I_{sc} und R_i: Ersatz-Stromquelle

Ermittlung der Parameter des Ersatzschaltbildes:
- Wahlweise U_{oc} oder I_{sc} (einfachere Lösung wird bevorzugt)
- Ermittlung von R_i im energielosen Zustand
    - eingeprägte Spannungsquellen → kurzschließen
    - eingeprägte Stromquellen → auftrennen

Zugehörige I-U-Kennlinien

Spannungsquelle $U = U_{oc} - I \cdot R_i$ mit $U(I_{sc})=0$ → $I_{sc} = \dfrac{U_{oc}}{R_i}$ (8.1)

Stromquelle $I = I_{sc} - \dfrac{U}{R_i}$ mit $I(U_{oc})=0$ → $U_{oc} = I_{sc} \cdot R_i$ (8.2)

Fallbeispiel 8.1. Ohmscher Spannungsteiler.
Die Arbeitspunkte eines belasteten ohmschen Spannungsteilers lassen sich einfach berechnen durch die Darstellung des unbelasteten Spannungsteilers als Ersatzspannungsquelle mit Innenwiderstand, woran der Lastwiderstand R_L angeschlossen wird.

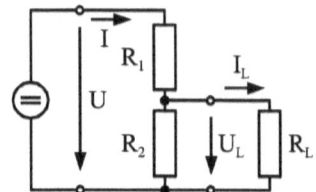

Abb. 8.2. Belasteter ohmscher Spannungsteiler.

Unbelasteten Spannungsteiler → Spannungsquelle mit Innenwiderstand

(1) Berechnung der Leerlaufspannung U_{oc} (ohne R_L)

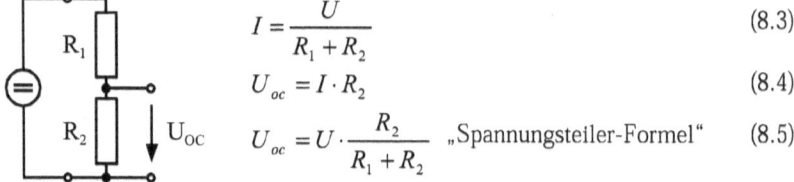

$$I = \frac{U}{R_1 + R_2} \quad (8.3)$$

$$U_{oc} = I \cdot R_2 \quad (8.4)$$

$$U_{oc} = U \cdot \frac{R_2}{R_1 + R_2} \quad \text{„Spannungsteiler-Formel"} \quad (8.5)$$

Abb.8.3. Unbelasteter Spannungsteiler.

(2) Berechnung Innenwiderstand R_i → Spannungsquelle kurzschließen.

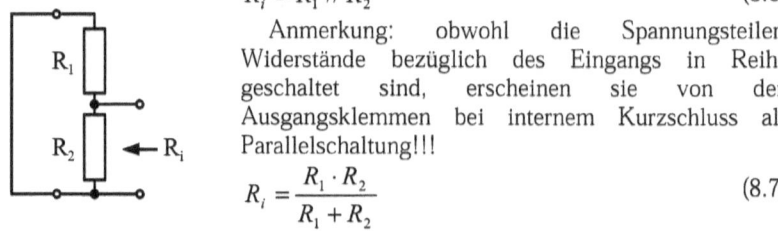

$$R_i = R_1 \mathbin{/\mkern-6mu/} R_2 \quad (8.6)$$

Anmerkung: obwohl die Spannungsteiler-Widerstände bezüglich des Eingangs in Reihe geschaltet sind, erscheinen sie von den Ausgangsklemmen bei internem Kurzschluss als Parallelschaltung!!!

$$R_i = \frac{R_1 \cdot R_2}{R_1 + R_2} \quad (8.7)$$

Abb.8.4. R_i-Berechnung bezüglich der Ausgangsklemmen.

(3) Belasteter Spannungsteiler, dargestellt als belastete Ersatzspannungsquelle

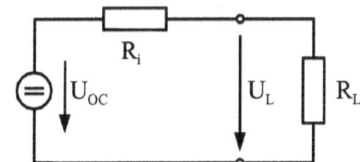

Abb. 8.5. Mit R_L belastete Ersatzspannungsquelle.

Anwendung der Spannungsteiler-Formel auf das modifizierte Schaltbild:

$$U_L = U_{oc} \cdot \frac{R_L}{R_L + R_i} \quad (8.8)$$

Fallbeispiel 8.2. Dimensionierung eines DC/DC-Vorschaltgerätes.
Ein 6V-Radiogerät soll über einen 12V/6V-DC/DC-Wandler an einem 12V-Netzgerät betrieben werden. Folgende Anforderungen werden an das Vorschaltgerät gestellt:
- Leistungsaufnahme 0...5W variabel
- Zulässige Betriebsspannung 5...7V

a) Beschreiben Sie die Kennlinie der Ausgangsspannung U_a des DC/DC-Wandlers als Spannungsquelle mit Innenwiderstand.
b) Welchen Innenwiderstand darf der DC/DC-Wandler besitzen, wenn der zulässige Spannungs-Betriebsbereich voll genutzt wird?
c) Dimensionieren Sie den Spannungsteiler unter Einhaltung der gegebenen Randwerte
d) Zur Realisierung des Spannungsteilers stehen Widerstände der E12-Reihe zur Verfügung. Bietet der realisierte Spannungsteiler den geforderten Betriebsbereich?

Vorgaben
$U_N := 12 \cdot V \quad P_{max} := 5 \cdot W \quad U_{min} := 5 \cdot V \quad U_{max} := 7 \cdot V \quad (8.9)$

Lösung zu a). Kennlinie des Vorschaltgerätes.

$$U_a = U_{oc} - I \cdot R_i \quad (8.10)$$

Leerlaufspannung der linearen Quelle

$$U_{oc} := U_{max} \quad U_{oc} = 7\,V \quad (8.11)$$

Lösung zu b). Maximal zulässiger Innenwiderstand R_{imax}. Bedingung: Bei zulässiger Höchstlast darf die Betriebsspannung maximal auf die zulässige Mindestspannung U_{min} abfallen.

$$U_{min} = U_{oc} - I_{Lmax} R_{imax} \tag{8.12}$$

Zulässiger Maximalstrom

$$I_{Lmax} = \frac{U_{oc} - U_{min}}{R_{imax}} \tag{8.13}$$

Zulässige Höchstlast

$$P_{max} = U_{min} \cdot I_{Lmax} \tag{8.14}$$

oder

$$I_{Lmax} = \frac{P_{max}}{U_{min}} \tag{8.15}$$

mit (8.13) folgt

$$\frac{P_{max}}{U_{min}} = \frac{U_{oc} - U_{min}}{R_{imax}} \tag{8.16}$$

oder

$$R_{imax} := (U_{oc} - U_{min}) \cdot \frac{U_{min}}{P_{max}} \tag{8.17}$$

Maximal zulässiger Innenwiderstand

$$R_{imax} = 2\,\Omega \tag{8.18}$$

Lösung zu c). Dimensionierung des Spannungsteilers.
Beschreibung des Spannungsteilers als Ersatz-Spannungsquelle.
Leerlaufspannung des Spannungsteilers:

$$U_{oc} = U_N \cdot \frac{R_2}{R_1 + R_2} \tag{8.19}$$

oder

$$R_1 = R_2 \cdot \frac{(U_N - U_{oc})}{U_{oc}} \tag{8.20}$$

8 Ersatzquellen   49

Der Innenwiderstand ergibt sich aus der Parallelschaltung der beiden Spannungsteiler-Widerstände:

$$R_i = \frac{R_1 \cdot R_2}{R_1 + R_2} \qquad (8.21)$$

mit (8.20) folgt

$$R_i = \frac{R_2 \cdot \dfrac{(U_N - U_{oc})}{U_{oc}} \cdot R_2}{R_2 \cdot \dfrac{(U_N - U_{oc})}{U_{oc}} + R_2} \qquad (8.22)$$

vereinfacht auf

$$R_i = R_2 \cdot \frac{(U_N - U_{oc})}{U_N} \qquad (8.23)$$

Für R_i wird der maximal zulässige Wert R_{imax} gewählt um die Verlustleistung im Spannungsteiler zu minimieren

$$R_i := R_{imax} \qquad (8.24)$$

$$R_2 := R_i \cdot \frac{U_N}{(U_N - U_{oc})} \qquad (8.25)$$

$$R_2 = 4.8\,\Omega \qquad (8.26)$$

mit (8.20) folgt

$$R_1 := R_2 \cdot \frac{(U_N - U_{oc})}{U_{oc}} \qquad (8.27)$$

$$R_1 = 3.429\,\Omega \qquad (8.28)$$

Lösung zu d). Realisierung der Schaltung mit Widerständen der E12-Reihe.

Die E12-Reihe enthält die folgenden Werte:

$$E(12) = \begin{pmatrix} 1 & 1.2 \\ 1.5 & 1.8 \\ 2.2 & 2.7 \\ 3.3 & 3.9 \\ 4.7 & 5.6 \\ 6.8 & 8.2 \end{pmatrix} \qquad (8.29)$$

Die nächstliegenden Werte für R_1 und R_2 sind somit

$$R_1 := 3.3 \cdot \Omega \qquad (8.30)$$

$$R_2 := 4.7 \cdot \Omega \qquad (8.31)$$

Somit ergibt sich die realisierte Leerlaufspannung

$$U_{oc} := U_N \cdot \frac{R_2}{R_1 + R_2} \qquad (8.32)$$

$$U_{oc} = 7.05 \text{V} \qquad (8.33)$$

Die geforderte maximale Leerlaufspannung wird hinreichend eingehalten.

Realisierter Innenwiderstand:

$$R_i := \frac{R_1 \cdot R_2}{R_1 + R_2} \qquad (8.34)$$

$$R_i = 1.939 \Omega \qquad (8.35)$$

Überprüfung der Bedingung:

$$R_i < R_{imax} = 1 \qquad (8.36)$$

Hinweis: 1=true, 0=false. Der realisierte Innenwiderstand ist kleiner als der maximal zulässige Innenwiderstand. Die geforderten Bedingungen sind somit erfüllt.

9 Lineare Zweipol-Netzwerke

9.1 Netzwerk-Topologie

Topologie hier: Die Lehre von der Verknüpfung von Knoten und Zweigen zu einem Netzwerk [14]

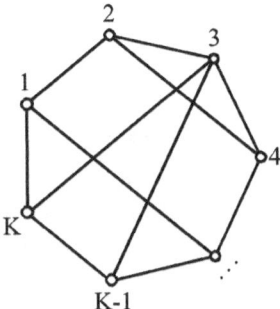

Abb. 9.1. Allgemeines Netzwerk.

Ein beliebiges Netzwerk besteht aus

- K Knoten

- Z Zweigen

Pfad: Verbindung zwischen zwei Knoten über mehrere Zweige, z.B. 1-2-3-(K-1)

Masche: Geschlossener Pfad im Netzwerk, der sich nicht selbst schneidet, d.h. bei dem jeder Knoten nur einmal durchlaufen wird, z.B. 2-3-4-2

Zweig: Ein Zweig in einem linearen Netzwerk kann als allgemeiner linearer Zweipol beschrieben werden.

9 Lineare Zweipol-Netzwerke

Allgemeiner linearer Zweipol:

$$U = U_{oc} + I \cdot R \tag{9.1}$$

oder

$$I = I_{sc} + U \cdot G \tag{9.2}$$

Die beiden Beschreibungen sind äquivalent und damit austauschbar, wenn zusätzlich gilt:

$$R = \frac{1}{G} \tag{9.3}$$

und

$$U_{oc} = I_{sc} \cdot R \tag{9.4}$$

Aus den Beziehungen (9.1) und (9.2) lassen sich die folgenden äquivalenten Ersatzschaltbilder ableiten.

Wichtig: Einheitliches Zählpfeil-System für alle Zweige im Netz.

Festlegung hier: Verbraucher-Zählpfeilsystem.

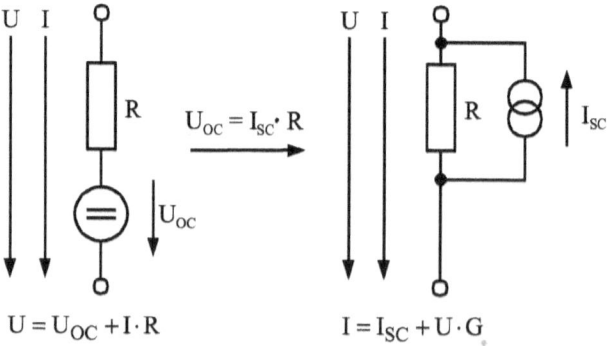

Abb. 9.2. Äquivalente allgemeine lineare Zweipole.

Die Struktur des Netzwerkes wird vollständig beschrieben durch Zweige, Knoten und Maschen.

Der elektrische Zustand wird vollständig beschrieben durch

$$U_Z = U_{ocZ} + I_Z \cdot R_Z \quad \text{für alle Z Zweige} \quad (9.5)$$

$$\sum_K I_K = 0 \quad \text{für alle K Knoten} \quad (9.6)$$

$$\sum_M U_M = 0 \quad \text{für alle M Maschenumläufe} \quad (9.7)$$

Alle Spannungen im Netz lassen sich als Potential-Differenz zwischen den Knoten ausdrücken.

Anzahl notwendiger Knoten-Gleichungen:

$$N_K = K - 1 \quad (9.8)$$

Alle Ströme im Netz lassen sich als Überlagerung unabhängiger Maschenströme ausdrücken.

Anzahl notwendiger Maschen-Gleichungen:

$$N_M = Z - (K - 1) \quad (9.9)$$

Diese sind unabhängig voneinander, wenn jede Gleichung mindestens ein Glied enthält, das in den Anderen nicht enthalten ist [10].

9.2
Knotenpunkt-Potentiale

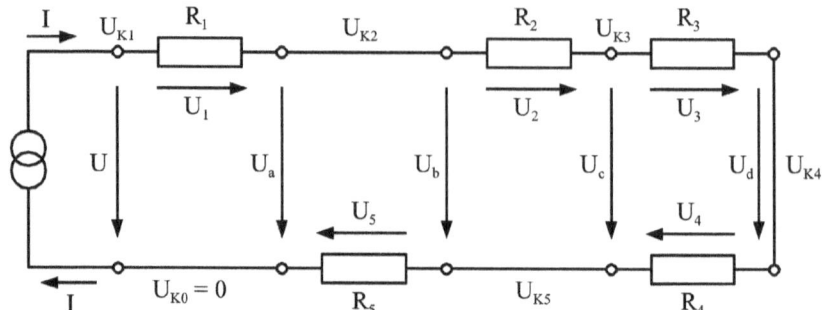

Abb. 9.3. Potentialverteilung im geschlossenen Stromkreis.

Zur Beschreibung unterschiedlicher Zustände und Ereignisse im Netz werden unterschiedliche Spannungsmessungen benötigt:

- Für den Leistungsfluss wird die Spannung zwischen den Leitern benötigt.

- Zur Beschreibung der Leistungsaufnahme eines Zweipols wird der Spannungsabfall am Zweipol benötigt.

- Der Spannungsabfall lässt sich aus der Differenz zweier Spannungen ermitteln, die gegenüber einem gemeinsamen Bezugspunkt gemessen werden. Beispiel: $U_2 = U_b - U_c$

- Zur systematischen Beschreibung **aller Spannungen im Netz** genügt die Festlegung **eines gemeinsamen Bezugspunktes für alle Knotenpunkte**.

- Dem Bezugspunkt wird das Potential $U_{K0}= 0$ (Null Volt) zugeordnet.

- Die Spannungen U_K zwischen den Knotenpunkten und dem gemeinsamen Bezugspunkt werden als „Potential" bezeichnet.

- Die Spannung zwischen zwei beliebigen Knoten folgt aus der Potential-Differenz. Beispiel: $U_2 = U_{K2} - U_{K3}$

- Bei bekannter Potentialverteilung ist das Netz vollständig beschrieben.

9.3 Maschenströme

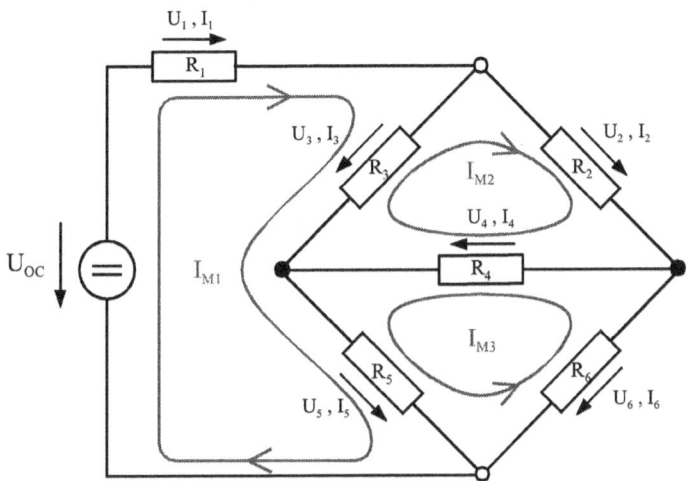

Abb. 9.4. Unabhängige Maschenströme im Netzwerk.

Eine vollständige Beschreibung der Zustände und Ereignisse im Netz ist möglich, wenn alle Ströme im Netz bekannt sind. Alle Ströme im Netz lassen sich als Überlagerung unabhängiger Maschenströme ausdrücken.

Fallbeispiel 9.1. Das Netz in Abb. 9.4 besitzt

$$Z = 6 \text{ Zweige} \tag{9.10}$$

und $\qquad K = 4$ Knoten $\tag{9.11}$

Aus (9.9) folgt die Anzahl unabhängiger Maschen-Ströme:

$$N_M = Z - (K-1) = 3 \tag{9.12}$$

Mit den 3 Maschenströmen I_{M1}, I_{M2} und I_{M3} folgen die 6 Zweig-Ströme:

$$I_1 = I_{M1}$$

$$I_2 = \phantom{I_{M1} -} I_{M2}$$

$$I_3 = I_{M1} - I_{M2}$$

$$I_4 = \phantom{I_{M1} -} I_{M2} + I_{M3} \tag{9.13}$$

$$I_5 = I_{M1} \phantom{- I_{M2}} + I_{M3}$$

$$I_6 = \phantom{I_{M1} - I_{M2}} - I_{M3}$$

Mit den 3 unabhängigen Maschenströmen lassen sich alle 6 Zweigströme bestimmen.

10 Netzwerkanalyse

10.1 Knotenpunkt-Potential-Analyse

Ein lineares Netzwerk, bestehend aus K Knoten und Z Zweigen kann bezüglich der Knotenpunktpotentiale U_K durch

$$N = K - 1 \tag{10.1.1}$$

unabhängige Gleichungen beschrieben werden.

Vorbereitung der Darstellung des Netzwerkes:

- alle Widerstände in Leitwerte umwandeln:

$$G_i = \frac{1}{R_i} \tag{10.1.2}$$

- alle Spannungsquellen in äquivalente Stromquellen umwandeln

$$I_{sci} = \frac{U_{oci}}{R_i} \tag{10.1.3}$$

Wichtig: zur Umwandlung der Spannungsquellen muss $0 < R_i < \infty$ sein! Wird im realen Schaltbild der Innenwiderstand vernachlässigt (d.h. Serien-Innenwiderstand sehr klein bei eingeprägter Spannungsquelle) und ist im Zweig kein anderer Widerstand vorhanden, so kann ersatzweise als Innenwiderstand ein Mess-Shunt (z.B. 10mΩ) eingesetzt werden. Der resultierende Fehler ist der gleiche, wie der durch eine reale Messung verursachte Fehler.

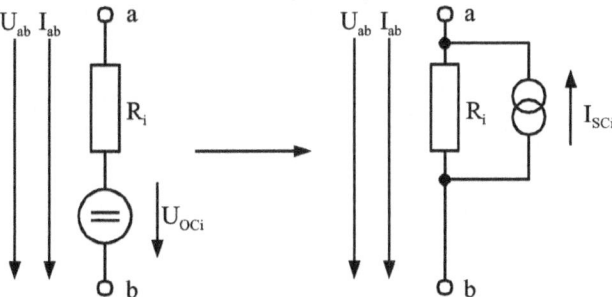

Abb. 10.1. Umwandlung Spannungsquelle in Stromquelle.

Die Durchführung der Knotenpunkt-Potential-Analyse erfolgt in 5 Schritten

1. Feststellung der Anzahl K der Knoten des Netzes
2. Wahl eines Knotens als Bezugsknoten K_0

Bezugspotential: $U_{K0} = 0V$ (10.1.4)

3. Erstellung der Knoten-Leitwert-Matrix
4. Erstellung des Vektors der Knoten-Einströmungen

Quadratische Matrix und Vektor mit N=K-1 Zeilen:

U_{K1}	U_{K2}	U_{K3}	...	U_{KN}	=
$\mathbf{G_{11}}$	$-G_{12}$	$-G_{13}$	...	$-G_{1N}$	I_{K1}
$-G_{21}$	$\mathbf{G_{22}}$	$-G_{23}$	...	$-G_{2N}$	I_{K2}
$-G_{31}$	$-G_{32}$	$\mathbf{G_{33}}$	...	$-G_{3N}$	I_{K3}
⋮		⋮			⋮
$-G_{N1}$	$-G_{N2}$	$-G_{N3}$	...	$\mathbf{G_{NN}}$	I_{KN}

U_{Ki} Potential im Knoten i
I_{Ki} Resultierende Einströmung in Knoten i
$\mathbf{G_{ii}}$ Σ aller Leitwerte mit Kontakt zu Knoten i
$-G_{ik}$ Leitwert zwischen Knoten i und k (immer negativ!)
$G_{ik}=0$ wenn ohne Verbindung

In linearen Netzwerken gilt:

$$G_{ik} = G_{ki}$$ (10.1.5)

5. Lösen des Linearen Gleichungssystems

$$\begin{pmatrix} G_{11} & -G_{12} & -G_{13} & -G_{1N} \\ -G_{21} & G_{22} & -G_{23} & -G_{2N} \\ -G_{31} & -G_{32} & G_{33} & -G_{3N} \\ -G_{N1} & -G_{N2} & -G_{N3} & G_{NN} \end{pmatrix} \cdot \begin{pmatrix} U_{K1} \\ U_{K2} \\ U_{K3} \\ U_{KN} \end{pmatrix} = \begin{pmatrix} I_{K1} \\ I_{K2} \\ I_{K3} \\ I_{KN} \end{pmatrix}$$ (10.1.6)

Abb. 10.2. Knoten-Leitwert-Matrix.

Fallbeispiel 10.1. Knotenpunkt-Potential-Analyse.
Ein Widerstands-Würfel wird durch eine Stromquelle I_{sc}= 20 mA gespeist. Alle Widerstände R_i betragen 1kΩ.

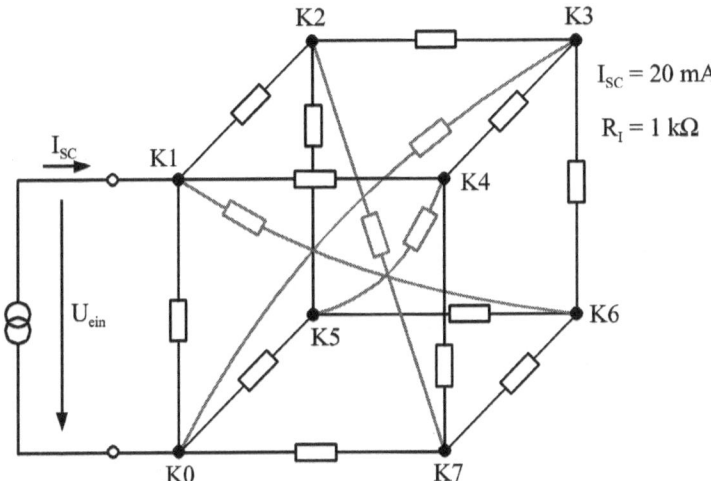

Abb. 10.3. Würfel mit Diagonal-Verzweigungen.

a) Welche Eingangsspannung ergibt sich? Welcher Eingangswiderstand folgt daraus?
b) Welcher Strom und welche Spannung ergibt sich im Zweig K2–K7?

Vorgaben
Startindex: ORIGIN:= 1   (10.1.7)

Einheiten-Definition: $mS := \dfrac{S}{1000}$ (10.1.8)

Lösung zu a). Eingangsspannung und Eingangswiderstand.
Knotenpunkt-Potential-Analyse in 5 Schritten.
1. Feststellung der Anzahl K der Knoten des Netzes

$K := 8$ (10.1.9)

Unabhängige Knotengleichungen

$N := K - 1$ (10.1.10)

$N = 7$ (10.1.11)

2. Wahl eines Knotens als Bezugsknoten K_0
Befindet sich nur eine Quelle im Netz, so wird üblicherweise der negative Pol der Quelle auf das Potential

$U_{K0} = 0V$ (10.1.12)

gelegt, in Abb.10.3 folglich auf Knoten K0.

3. Erstellung der Knoten-Leitwert-Matrix

Zunächst muss eine Liste aller Zweig-Widerstände bzw. Zweig-Leitwerte aufgestellt werden. Im vorliegenden Fall bestehen alle Zweig-Widerstände aus den gleichen Werten:

Zweig-Widerstand $\quad R := 1 \cdot k\Omega \quad$ (10.1.13)

Umwandlung in Leitwert $\quad G := \dfrac{1}{R} \quad$ (10.1.14)

$$G = 1\,mS \quad (10.1.15)$$

Jeder der 8 Knoten wird von 4 Zweigen und somit von 4 G berührt.
Knoten-Leitwert-Matrix:

$$KAM := \begin{pmatrix} 4\cdot G & -G & 0 & -G & 0 & -G & 0 \\ -G & 4\cdot G & -G & 0 & -G & 0 & -G \\ 0 & -G & 4\cdot G & -G & 0 & -G & 0 \\ -G & 0 & -G & 4\cdot G & -G & 0 & -G \\ 0 & -G & 0 & -G & 4\cdot G & -G & 0 \\ -G & 0 & -G & 0 & -G & 4\cdot G & -G \\ 0 & -G & 0 & -G & 0 & -G & 4\cdot G \end{pmatrix} \quad (10.1.16)$$

4. Erstellung des Vektors der Knoten-Einströmungen

Die Stromquelle (Netzteil mit Strombegrenzung) wird zwischen Knoten K1 und Knoten K0 angeschlossen.

$$I_{sc} := 20\,mA \quad (10.1.17)$$

Da das Potential eines Knotens (hier:K0) festgelegt ist und somit nicht mehr berechnet werden muss, entfällt dieser Bezugsknoten bei der Eingabe der Einströmungen.

$$I_K := \begin{pmatrix} I_{sc} \\ 0 \\ 0 \\ 0 \\ 0 \\ 0 \\ 0 \end{pmatrix} \quad (10.1.18)$$

5. Lösen des Linearen Gleichungssystems

Die Knotenpunktpotentiale U_K können mit der Mathcad-Funktion „llösen" (Doppel-l für „linear lösen") berechnet werden:

$$U_K := \text{llösen}(KAM, I_K) \quad (10.1.19)$$

Es ergibt sich

$$U_K = \begin{pmatrix} 8.75 \\ 5 \\ 3.75 \\ 5 \\ 3.75 \\ 5 \\ 3.75 \end{pmatrix} \qquad (10.1.20)$$

Die Eingangsspannung ist die Potential-Differenz zwischen Knoten K1 und Knoten K0. Da alle Potentiale sich auf Knoten K0 beziehen folgt hier direkt

Eingangsspannung $\qquad U_{ein} := U_{K_1} \qquad$ (10.1.21)

$\qquad\qquad\qquad\qquad U_{ein} = 8.75V \qquad$ (10.1.22)

Der Eingangswiderstand folgt aus dem ohmschen Gesetz:

Eingangswiderstand $\qquad R_{ein} := \dfrac{U_{ein}}{I_{sc}} \qquad$ (10.1.23)

$\qquad\qquad\qquad\qquad R_{ein} = 0.438 k\Omega \qquad$ (10.1.24)

Lösung zu b). Strom und Spannung im Zweig K2–K7.
Die Diagonal-Spannung zwischen den Knoten K2 und K7 folgt aus der Potentialdifferenz:

$$U_{27} := U_{K_2} - U_{K_7} \qquad (10.1.25)$$

oder $\qquad\qquad U_{27} = 1.25V \qquad$ (10.1.26)

Mit dem bekannten Zweig-Widerstand R folgt der Strom

$$I_{27} := \dfrac{U_{27}}{R} \qquad (10.1.27)$$

oder $\qquad\qquad I_{27} = 1.25mA \qquad$ (10.1.28)

10.2
Maschenstrom-Analyse

Ein lineares Netzwerk, bestehend aus K Knoten und Z Zweigen kann bezüglich der unabhängigen Maschenströme I_M durch

$$N = Z - (K-1) \tag{10.2.1}$$

unabhängige Gleichungen beschrieben werden.

Vorbereitung der Darstellung des Netzwerkes:

- alle Leitwerte in Widerstände umwandeln:

$$R_i = \frac{1}{G_i} \tag{10.2.2}$$

- alle Stromquellen in äquivalente Spannungsquellen umwandeln

$$U_{oci} = I_{sci} \cdot R_i \tag{10.2.3}$$

Wichtig: zur Umwandlung der Stromquellen muss $0 < R_i < \infty$ sein! Wird im realen Schaltbild der Innenwiderstand vernachlässigt (d.h. Parallel-Innenwiderstand sehr groß bei eingeprägter Stromquelle) so kann der Widerstand in einem parallelen Zweig ersatzweise als Hilfs-Innenwiderstand eingesetzt werden. Geeignet ist auch der Innenwiderstand eines Spannungsmessgerätes (einige MΩ), mit dem eine Spannungsmessung der Quelle simuliert wird. Der resultierende Fehler ist der gleiche, wie der durch eine reale Messung verursachte Fehler.

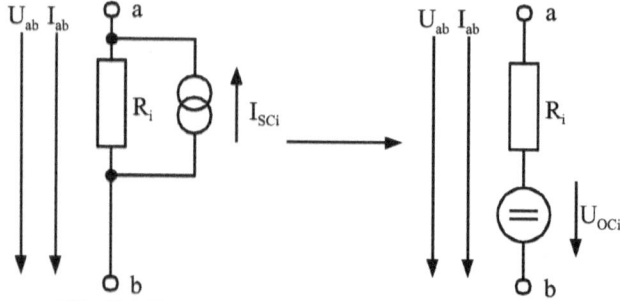

Abb. 10.4. Umwandlung Stromquelle in Spannungsquelle.

10.2 Maschenstrom-Analyse

Die Durchführung der Maschenstrom-Analyse erfolgt in 5 Schritten

1. Feststellung der Anzahl K der Knoten und Z der Zweige des Netzes
2. Festlegung von N=Z– (K–1) unabhängigen Maschen (mit Umlaufsinn).
3. Erstellung der Maschen-Widerstand-Matrix
4. Erstellung des Vektors der Maschen-Spannungen

Quadratische Matrix und Vektor mit N=Z– (K–1) Zeilen:

I_{M1}	I_{M2}	I_{M3}	...	I_{MN}	=
R_{11}	R_{12}	R_{13}	...	R_{1N}	U_{M1}
R_{21}	**R_{22}**	R_{23}	...	R_{2N}	U_{M2}
R_{31}	R_{32}	**R_{33}**	...	R_{3N}	U_{M3}
⋮		⋮		⋮	
R_{N1}	R_{N2}	R_{N3}	...	**R_{NN}**	U_{MN}

I_{Mi} Maschenstrom in Masche i
U_{Mi} Resultierende eingeprägte Spannung der Masche i
         gemessen in Richtung $-I_M$ (entgegengesetzt I_M!)
R_{ii}   Σ aller Widerstände in Masche i
R_{ik} Vorzeichenbehafteter Kopplungswiderstand

$$R_{ik} = \begin{cases} R & \text{wenn Richtung } I_{Mi} = \text{Richtung } I_{Mk} \\ -R & \text{wenn Richtung } I_{Mi} \neq \text{Richtung } I_{Mk} \end{cases}$$

$R_{ik}=0$ wenn ohne Kopplung

In linearen Netzwerken gilt:

$$R_{ik} = R_{ki} \tag{10.2.4}$$

5. Lösen des Linearen Gleichungssystems

$$\begin{pmatrix} R_{11} & R_{12} & R_{13} & R_{1N} \\ R_{21} & R_{22} & R_{23} & R_{2N} \\ R_{31} & R_{32} & R_{33} & R_{3N} \\ R_{N1} & R_{N2} & R_{N3} & R_{NN} \end{pmatrix} \cdot \begin{pmatrix} I_{M1} \\ I_{M2} \\ I_{M3} \\ I_{MN} \end{pmatrix} = \begin{pmatrix} U_{M1} \\ U_{M2} \\ U_{M3} \\ U_{MN} \end{pmatrix} \tag{10.2.5}$$

Abb. 10.5. Maschen-Widerstands-Matrix.

64   10 Netzwerkanalyse

Fallbeispiel 10.2. Maschenstrom-Analyse.
Das folgende Widerstands-Netzwerk wird durch eine Spannungsquelle $U_{oc}=12V$ gespeist. Alle Widerstände R_i betragen $1k\Omega$.

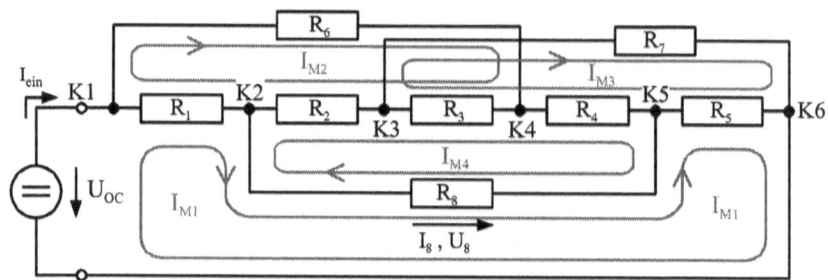

Abb. 10.6. Umwandlung Stromquelle in Spannungsquelle.

a) Welcher Eingangsstrom ergibt sich? Welcher Eingangswiderstand folgt daraus?
b) Welcher Strom und welche Spannung ergibt sich an R_8?

Vorgaben
Startindex: $\qquad$ ORIGIN:= 1 $\qquad$ (10.2.6)

Einheiten-Definition: $\qquad$ $k\Omega := 10^3 \cdot \Omega$ $\qquad$ (10.2.7)

Lösung zu a). Eingangsstrom und Eingangswiderstand.
Maschenstrom-Analyse-Analyse in 5 Schritten.
1. Feststellung der Anzahl K der Knoten und Z der Zweige des Netzes

$$K := 6 \qquad (10.2.8)$$

$$Z := 9 \qquad (10.2.9)$$

Unabhängige Maschengleichungen

$$N := Z - (K - 1) \qquad (10.2.10)$$

$$N = 4 \qquad (10.2.11)$$

2. Festlegung von N unabhängigen Maschen (mit Umlaufsinn).
Abb. 10.6. zeigt die getroffenen Festlegungen. Wichtig für die Bedingung der Unabhängigkeit: Jede Masche muss mindestens eine Information enthalten, die in den anderen Maschen nicht enthalten ist.

3. Erstellung der Maschen-Widerstands-Matrix.
Zunächst muss eine Liste aller Zweig-Widerstände aufgestellt werden. Im vorliegenden Fall bestehen alle Zweig-Widerstände aus den gleichen Werten:

$$\text{Zweig-Widerstände} \qquad R := \begin{pmatrix} 1\,k\Omega \\ 1\,k\Omega \\ 1\,k\Omega \\ 1\,k\Omega \\ 1\,k\Omega \\ 1\,k\Omega \\ 1\,k\Omega \\ 1\,k\Omega \end{pmatrix} \qquad (10.2.12)$$

Maschen-Widerstands-Matrix:

$$MIM := \begin{pmatrix} R_1 + R_8 + R_5 & -R_1 & -R_5 & -R_8 \\ -R_1 & R_1 + R_2 + R_3 + R_6 & R_3 & -R_2 - R_3 \\ -R_5 & R_3 & R_3 + R_4 + R_5 + R_7 & -R_3 - R_4 \\ -R_8 & -R_2 - R_3 & -R_3 - R_4 & R_2 + R_3 + R_4 + R_8 \end{pmatrix}$$

$$(10.2.13)$$

4. Erstellung des Vektors der Maschen-Spannungen.
Die Spannungsquelle (Netzteil mit Konstantspannungsregelung) wird in Masche M1 zwischen Knoten K1 und Knoten K6 angeschlossen.

$$U_{oc} := 12 \cdot V \qquad (10.2.14)$$

Es folgt der Vektor der der Maschen-Spannungen.

$$U_M := \begin{pmatrix} U_{oc} \\ 0 \\ 0 \\ 0 \end{pmatrix} \qquad (10.2.15)$$

5. Lösen des Linearen Gleichungssystems

Die Maschenströme I_M können mit der Mathcad-Funktion „llösen" (Doppel-l für „linear lösen") berechnet werden:

$$I_M := \text{llösen}(MIM, U_M) \qquad (10.2.16)$$

Es ergibt sich

$$I_M = \begin{pmatrix} 9.6 \\ 4.8 \\ 4.8 \\ 7.2 \end{pmatrix} mA \qquad (10.2.17)$$

Eingangsstrom: $\qquad I_{ein} := I_{M_1} \qquad (10.2.18)$

$$I_{ein} = 9.6 mA \qquad (10.2.19)$$

Eingangswiderstand $\qquad R_{ein} := \dfrac{U_{oc}}{I_{ein}} \qquad (10.2.20)$

$$R_{ein} = 1.25 k\Omega \qquad (10.2.21)$$

Lösung zu b). Strom und Spannung an R_8.

Zweigwiderstand $\qquad R_8 = 1 k\Omega \qquad (10.2.22)$

Strom durch R_8 $\qquad I_8 := I_{M_1} - I_{M_4} \qquad (10.2.23)$

$$I_8 = 2.4 mA \qquad (10.2.24)$$

Spannung an R_8 $\qquad U_8 := I_8 \cdot R_8 \qquad (10.2.25)$

$$U_8 = 2.4 V \qquad (10.2.26)$$

Fallbeispiel 10.3. Zwei Spannungsquellen.
Das folgende Netzwerk wird durch 2 Spannungsquellen gespeist.

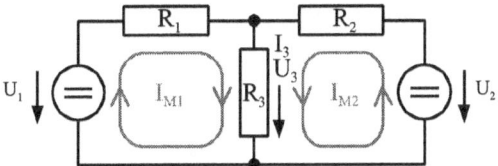

Abb. 10.7. Speisung R_3 durch 2 Spannungsquellen.

a) Welche Leistung nimmt R_3 auf?
b) Konventionelle Lösung ohne Lösungsfunktion für lineare Gleichungssysteme.

Vorgaben

Startindex:	ORIGIN:= 1	(13.5)
Einheiten-Definition:	$k\Omega := 10^3 \cdot \Omega$	(10.2.28)
	$mW := \dfrac{W}{1000}$	(13.5)

Lösung zu a). Eingangsstrom und Eingangswiderstand.
Maschenstrom-Analyse-Analyse in 5 Schritten.
1. Feststellung der Anzahl K der Knoten und Z der Zweige des Netzes

$$K := 2 \qquad (10.2.30)$$

$$Z := 3 \qquad (10.2.31)$$

Unabhängige Maschengleichungen

$$N := Z - (K - 1) \qquad (10.2.32)$$

$$N = 2 \qquad (10.2.33)$$

2. Festlegung von N unabhängigen Maschen (mit Umlaufsinn).
Abb. 10.7. zeigt die getroffenen Festlegungen. Wichtig für die Bedingung der Unabhängigkeit: Jede Masche muss mindestens eine Information enthalten, die in den anderen Maschen nicht enthalten ist.

3. Erstellung der Maschen-Widerstands-Matrix.
Zunächst muss eine Liste aller Zweig-Widerstände aufgestellt werden. Im vorliegenden Fall besteht das Netz aus 3 Zweigen:

Zweig-Widerstände
$$R := \begin{pmatrix} 4.7 \cdot k\Omega \\ 3.3 \cdot k\Omega \\ 2.2 \cdot k\Omega \end{pmatrix}$$ (10.2.34)

Maschen-Widerstands-Matrix:
$$MIM := \begin{pmatrix} R_1 + R_3 & R_3 \\ R_3 & R_2 + R_3 \end{pmatrix}$$ (10.2.35)

oder
$$MIM = \begin{pmatrix} 6.9 & 2.2 \\ 2.2 & 5.5 \end{pmatrix} k\Omega$$ (10.2.36)

4. Erstellung des Vektors der Maschen-Spannungen.
Das Netzwerk wird von zwei Spannungsquellen gespeist:

$$U_1 := 24 V \quad U_2 := 12 \cdot V$$ (10.2.37)

Vektor der Maschen-Spannungen
$$U_M := \begin{pmatrix} U_1 \\ U_2 \end{pmatrix}$$ (10.2.38)

5. Lösen des Linearen Gleichungssystems
Berechnung der Maschenströme I_M mit der Mathcad-Funktion „llösen":

$$I_M := llösen(MIM, U_M)$$ (10.2.39)

Es ergibt sich
$$I_M = \begin{pmatrix} 3.189 \\ 0.906 \end{pmatrix} mA$$ (10.2.40)

Strom durch R_3:
$$I_3 := I_{M_1} + I_{M_2}$$ (10.2.41)

$$I_3 = 4.095 mA$$ (10.2.42)

Spannung an R_3
$$U_3 := R_3 \cdot I_3$$ (10.2.43)

$$U_3 = 9.01 V$$ (10.2.44)

Leistungsaufnahme durch R_3
$$P_3 := U_3 \cdot I_3$$ (10.2.45)

$$P_3 = 36.9 mW$$ (10.2.46)

10.2 Maschenstrom-Analyse

Lösung zu b). Konventionelle Lösung ohne Lösungsfunktion llösen für lineare Gleichungssysteme.

Bestimmungsgleichung 1 $\quad (R_1 + R_3) \cdot I_{M_1} + R_3 \cdot I_{M_2} = U_1 \quad$ (10.2.47)

Bestimmungsgleichung 2 $\quad R_3 \cdot I_{M_1} + (R_2 + R_3) \cdot I_{M_2} = U_2 \quad$ (10.2.48)

Aus (10.2.48) folgt

$$I_{M_1} = \frac{U_2 - (R_2 + R_3) \cdot I_{M_2}}{R_3} \quad (10.2.49)$$

(10.2.49) eingesetzt in (10.2.47)

$$(R_1 + R_3) \cdot \frac{U_2 - (R_2 + R_3) \cdot I_{M_2}}{R_3} + R_3 \cdot I_{M_2} = U_1 \quad (10.2.50)$$

oder

$$I_{M_2} := \frac{U_1 - U_2 \cdot \frac{(R_1 + R_3)}{R_3}}{R_3 - \frac{(R_1 + R_3) \cdot (R_2 + R_3)}{R_3}} \quad (10.2.51)$$

Maschenstrom für M2 $\quad I_{M_2} = 0.906\text{mA} \quad$ (10.2.52)

mit (10.2.49) folgt weiter

$$I_{M_1} := \frac{U_2 - (R_2 + R_3) \cdot I_{M_2}}{R_3} \quad (10.2.53)$$

Maschenstrom für M1 $\quad I_{M_1} = 3.189\text{mA} \quad$ (10.2.54)

Es ergeben sich die gleichen Zahlenwerte wie in Teilaufgabe a) (wie zu erwarten war).

11 Harmonische Wechselgröße als Zeitdiagramm

Harmonische Wechselgrößen werden durch Sinus-Funktionen dargestellt. Exemplarisch soll die folgende sinusförmige Wechselspannung betrachtet werden.

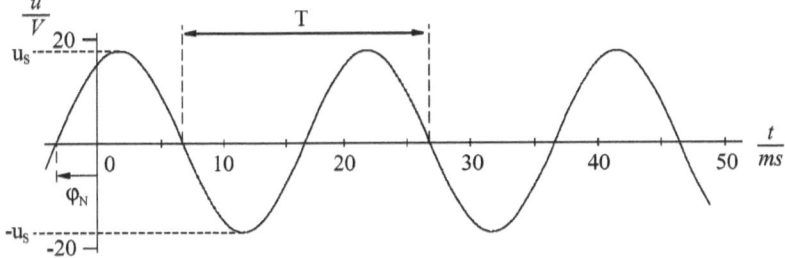

Abb.11.1. Sinusförmige Wechselspannung

Der Zeitverlauf kann durch die folgende Sinusfunktion dargestellt werden:

$$u(t) = u_s \cdot \sin(\omega t + \varphi_N)$$

Amplitude — Zeitabhängiger Phasenwinkel — Phasenwinkel zum Zeitpunkt t=0

(11.1)

Das Argument der Sinus-Funktion muss ein Winkel sein.

φ_N = Nullphasenwinkel (11.2)
ωt = Winkel zum Zeitpunkt t (11.3)

mit ω = Skalierungsfaktor und t = Zeitpunkt

Die Sinusfunktion ist periodisch in T. Konsequenz: Der Winkel nach einer vollen Periode T ist folglich der Bogen eines vollständigen Kreises

$$\omega T = 2\pi \qquad (11.4)$$

Es folgt die Winkelgeschwindigkeit (auch „Kreisfrequenz" genannt)

$$\omega = \frac{2\pi}{T} \qquad (11.5)$$

oder mit $f = \dfrac{1}{T}$ $\qquad \omega = 2\pi f \qquad (11.6)$

Winkelangaben im Wechselstrombereich: vorzugsweise im Bogenmaß.

11 Harmonische Wechselgröße als Zeitdiagramm

Bei der elektrischen Netzwerkanalyse ist die Anwendung der sinusoidalen Funktionen sehr aufwändig. (z.B. Ohmsches Gesetz, Kirchhoffsche Gesetze, Leistungsberechnung). Durch die Transformation der Funktion in eine andere Darstellungsart kann der Rechenaufwand vereinfacht werden:

→ Transformation in „Komplexe Drehzeiger".

12 Harmonische Wechselgröße in komplexer Darstellung

12.1 Mathematische Grundlagen zu komplexen Zahlen

12.1.1 Definition der komplexen Einheit

$$j = \sqrt{-1} \tag{12.1.1}$$

Die Darstellung dieser Zahl ist auf einer Zahlengeraden nicht möglich.

12.1.2 Mathematikgeschichtlicher Rückblick

Die folgende freie Darstellung der Mathematikgeschichte [21] beschreibt die Notwendigkeit, warum im Laufe der Jahrhunderte der Zahlenraum, der die Lösung aller mathematischen Probleme beinhalten soll, kontinuierlich erweitert werden musste.

Nach der Entdeckung der natürlichen Zahlen 1, 2, 3 usw. war die **Addition** $(a+b)$ möglich. Die Zahlen konnten auf einer Zahlengeraden dargestellt werden. Die Ergebnisse der Addition hatten wiederum einen eindeutigen Platz auf der Zahlengeraden.

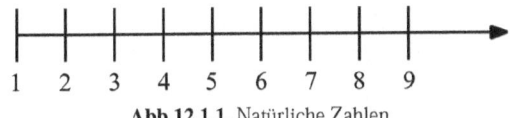

Abb.12.1.1. Natürliche Zahlen

Die Umkehrfunktion der Addition, die **Subtraktion** $(a-b)$, führte zu Ergebnissen, die dann auf der Zahlengeraden darstellbar waren, wenn a>b galt.

Um $(a-b)$ für a=b durchführen zu können musste die **Null** als Zahl eingeführt werden. Und weiter führte $(a-b)$ für a<b zu **negativen Zahlen**. Die entsprechende Erweiterung der Zahlengeraden zeigt die folgende Abbildung.

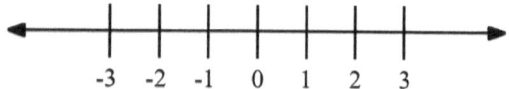

Abb.12.1.2. Natürliche Zahlen mit Null und negativen Zahlen

In dem jetzt vorhandenen Zahlenraum waren alle **Multiplikationen** $(a \cdot b)$ möglich. Jede Lösung hatte einen eindeutigen Platz auf der Zahlengeraden.

Die Umkehrfunktion der Multiplikation, die **Division** ($\frac{a}{b}$) führte zu Ergebnissen, die nur dann auf der Zahlengeraden darstellbar waren, wenn a ein ganzzahliges Vielfaches von b war, z.B. $\frac{21}{7}=3$. Bis hier waren alle Berechnungen mit der Menge der **rationalen Zahlen** möglich. Um Berechnungen der Art $x=\frac{12}{7}$ durchführen zu können, mussten die **gebrochen rationalen Zahlen** als erlaubte Lösungen akzeptiert werden, denen entsprechende Zwischenpositionen auf der Zahlengeraden zugeordnet wurden.

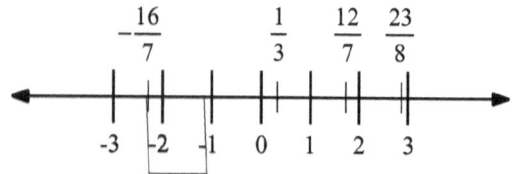

Abb.12.1.3. Rationale Zahlen

Als Erweiterung der Multiplikation war mit den rationalen Zahlen auch das **Potenzieren** möglich, wobei bei ganzzahligen Potenzen die Ergebnisse immer rationale Zahlen waren.

Die Umkehrfunktion des Potenzierens, das **Wurzelziehen** führte zu neuen Problemen bei der Darstellung auf der Zahlengeraden: Die Wurzel mancher Zahlen ließ sich nicht mehr als (gebrochen) rationale Zahl (d.h. nicht mehr als Bruch zweier rationalen Zahlen) darstellen. So ist beispielsweise $\sqrt{2}$ eine derartige **irrationale Zahl**, die sich nur asymptotisch durch einen Bruch bzw. als Dezimalzahl darstellen lässt.

Schon die Bezeichnung der irrationalen Zahlen („unvernünftige" Zahlen, lat. ratio=Vernunft) deutet auf die Probleme hin, die die Mathematiker des Altertums mit diesen Zahlen hatten. In der Schule des Pythagoras (570-500 v.Chr.) wurde Hippasus, ein Schüler des Pythagoras zum Tode durch Ertränken verurteilt, weil er erkannt (und gegenüber Pythagoras vertreten) hatte, dass sich $\sqrt{2}$ nicht als Bruch darstellen ließ und somit eine irrationale Zahl sein musste [21].

Zu einem völlig neuen Darstellungsproblem führte dann **das Wurzelziehen aus negativen Zahlen**. Da das Quadrieren sowohl positiver als auch negativer Zahlen immer zu einem postiven Ergebnis führt, existierte auf der bekannten Zahlengeraden keine Position, wo das Ergebnis $j = \sqrt{-1}$ dargestellt werden konnte. Als Lösung wurde hier die Erweiterung des Zahlenraums mit der **imaginären Einheit j** (für die gilt $j^2 = -1$) von der Zahlengeraden zur komplexen Zahlenebene gefunden.[2]

12.1.3
Komplexe Zahlenebene

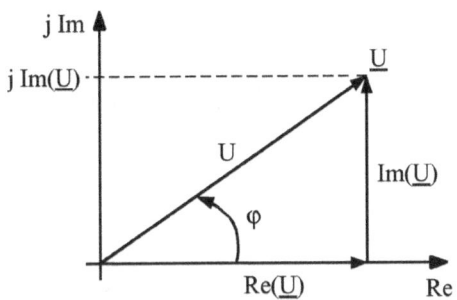

Abb.12.1.4. Darstellung der komplexen Zahl $\underline{U}$

Eine komplexe Zahl beschreibt den Ort dieser Zahl in der komplexen Ebene.
a) Darstellung durch kartesische Koordinaten:

$$\underline{U} = \text{Re}(\underline{U}) + j\,\text{Im}(\underline{U}) \qquad (12.1.2)$$

b) Darstellung durch Polar-Koordinaten (Eulersche Darstellung)

$$\underline{U} = U \cdot e^{j\omega\varphi} \qquad (12.1.3)$$

Die beiden Darstellungen sind mathematisch gleichwertig und austauschbar. Je nach Aufgabenstellung sind unterschiedliche Darstellungen vorteilhaft. Koordinatentransformation polar→kartesisch

$$\underline{U} = U \cdot \cos\varphi + jU \sin\varphi \qquad (12.1.4)$$

Koordinatentransformation kartesisch→polar

$$U = \sqrt{\text{Re}(\underline{U})^2 + \text{Im}(\underline{U})^2}\,, \quad \varphi = \arctan \frac{\text{Im}(\underline{U})}{\text{Re}(\underline{U})} \qquad (12.1.5)$$

---

[2] Imaginäre Zahlen=nur „in der Vorstellung" existierende Zahlen rufen das Problem der „Anschaulichkeit" hervor. Frau Prof. Dr. Féher, Professorin für Mathematik an der FH Dortmund, auf die Problematik der Anschaulichkeit komplexer Zahlen angesprochen, erwiderte: „Haben Sie schon einmal eine Zwei gesehen? Keine zwei Gegenstände, nur eine Zwei?".

12.2
Grundrechenarten mit komplexen Zahlen

Addition von komplexen Zahlen wird zweckmäßigerweise in kartesischen Koordinaten durchgeführt.
Rechenregel: Realteil und Imaginärteil werden getrennt addiert.
Bei Bedarf: Koordinatentransformation polar → kartesisch

Fallbeispiel 12.2.1. Reihenschaltung zweier Spannungsquellen.

Gegeben: $\underline{U}_1 = U_1 \cdot e^{j\varphi_1}$ $\qquad$ $\underline{U}_2 = U_2 \cdot e^{j\varphi_2}$ $\qquad$ (12.2.1)

mit U_1, U_2: Effektivwerte und φ_1, φ_2: Nullphasenwinkel.

Zunächst: Koordinatentransformation polar → kartesisch

$$\underline{U}_1 = U_1 \cdot \cos\varphi_1 + jU_1 \sin\varphi_1 \qquad (12.2.2)$$

$$\underline{U}_2 = U_2 \cdot \cos\varphi_2 + jU_2 \sin\varphi_2 \qquad (12.2.3)$$

Resultierende Spannung bei Reihenschaltung

$$\underline{U}_{res} = \underline{U}_1 + \underline{U}_2 \qquad (12.2.4)$$

$$\underline{U}_{res} = (U_1 \cdot \cos\varphi_1 + U_2 \cdot \cos\varphi_2) + j(U_1 \cdot \sin\varphi_1 + U_2 \cdot \sin\varphi_2) \qquad (12.2.5)$$

Gewünschte Darstellung:

Resultierender Effektivwert und resultierender Nullphasenwinkel

Rücktransformation kartesisch → polar

Resultierende Effektivspannung:

$$U_{res} = \sqrt{(U_1 \cdot \cos\varphi_1 + U_2 \cdot \cos\varphi_2)^2 + (U_1 \cdot \sin\varphi_1 + U_2 \cdot \sin\varphi_2)^2} \qquad (12.2.6)$$

Nullphasenwinkel

$$\varphi_{res} = \arctan\frac{U_1 \cdot \sin\varphi_1 + U_2 \cdot \sin\varphi_2}{U_1 \cdot \cos\varphi_1 + U_2 \cdot \cos\varphi_2} \qquad (12.2.7)$$

12.2 Grundrechenarten mit komplexen Zahlen

Darstellung als Zeiger der Länge U_{res}:

$$\underline{U}_{res} = U_{res} \cdot e^{j\varphi_{res}} \qquad (12.2.8)$$

Alternative Schreibweise der Exponentialfunktion

$$\underline{U}_{res} = U_{res} \cdot \exp(j\varphi_{res}) \qquad (12.2.9)$$

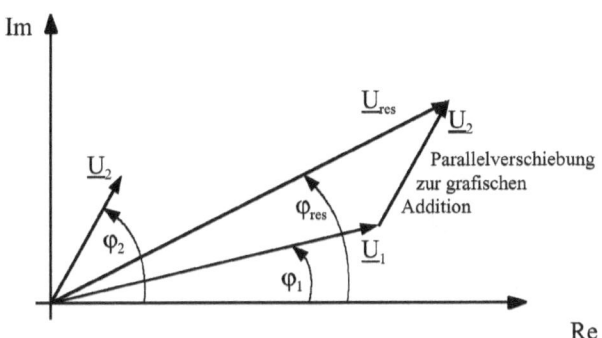

Abb.12.2.1. Komplexe Addition

Multiplikation von komplexen Zahlen wird zweckmäßigerweise in Polarkoordinaten durchgeführt.
Bei Bedarf: Koordinatentransformation kartesisch → polar

Fallbeispiel 12.2.2. Spannungsabfall an Impedanz $\underline{Z}$.

Gegeben: $\qquad \underline{I} = I \cdot e^{j\varphi_1} \qquad (12.2.10)$

$$\underline{Z} = Z \cdot e^{j\varphi_2} \qquad (12.2.11)$$

Spannungsabfall an der Impedanz $\underline{Z}$

$$\underline{U} = \underline{I} \cdot \underline{Z} \qquad (12.2.12)$$

$$\underline{U} = I \cdot e^{j\varphi_1} \cdot Z \cdot e^{j\varphi_2} \qquad (12.2.13)$$

oder $\qquad \underline{U} = I \cdot Z \cdot e^{j(\varphi_1 + \varphi_2)} \qquad (12.2.14)$

Das Resultat einer Multiplikation im Komplexen ist eine Dreh-Streckung. Der resultierende Zeiger hat die Länge

$$U = I \cdot Z \qquad (12.2.15)$$

→ Streckung von I um den Faktor Z
Es ergibt sich der resultierende Nullphasenwinkel

$$\varphi_{res} = \varphi_1 + \varphi_2 \qquad (12.2.16)$$

→ Der Zeiger $\underline{I}$ wird um den Winkel φ_2 weitergedreht und um den Faktor $|\underline{Z}|$ gestreckt.

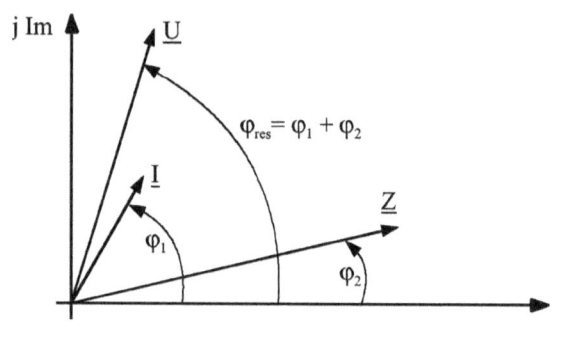

Abb.12.2.2. Komplexe Multiplikation

Hinweis: Die Zeiger $\underline{U}$, $\underline{I}$ und $\underline{Z}$ sind alle einheitenbehaftet, weshalb für die Zeigerlängen unterschiedliche Maßstäbe gelten.
Sonderfälle für Drehwinkel:

keine Drehung $\varphi = 0$ \qquad Faktor $\quad e^{j0} = 1 \qquad (12.2.17)$

Drehung um $\quad \varphi = +\dfrac{\pi}{2}$ \qquad Faktor $\quad e^{j\frac{\pi}{2}} = j \qquad (12.2.18)$

Drehung um $\quad \varphi = +\pi$ \qquad Faktor $\quad e^{j\pi} = -1 \qquad (12.2.19)$

Drehung um $\quad \varphi = +\dfrac{3\pi}{2} bzw. -\dfrac{\pi}{2}$ \quad Faktor $\quad e^{j\frac{3\pi}{2}} = e^{-j\frac{\pi}{2}} = -j \quad (12.2.20)$

Hinweis $\qquad \dfrac{1}{j} = \dfrac{j}{j \cdot j} = -j \qquad (12.2.21)$

12.3 Wechselgröße als komplexer Drehzeiger

12.3.1 Komplexer Drehzeiger der Amplitude

Eine harmonische Wechselgröße kann als mit konstanter Winkelgeschwindigkeit ω rotierender Zeiger abgebildet werden.

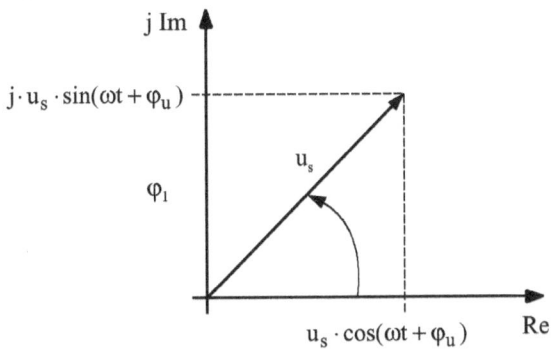

Abb.12.3.1. Wechselspannung als komplexer Drehzeiger der Amplitude.

Rotation des Zeigers mit Winkelgeschwindigkeit ω
Die Zeitfunktion ist die Projektion des Zeigers auf die Real-Achse (=Realteil)
Darstellung des Zeigers als zeitabhängige komplexe Zahl:

$$\underline{U} = u_s \cdot e^{j(\omega t + \varphi_u)} \tag{12.3.1}$$

12.3.2 Komplexer Drehzeiger des Effektivwertes

Die Beschreibung harmonischer Wechselgrößen durch komplexe Drehzeiger dient der Vereinfachung der Rechenmethoden bei der linearen Netzwerkanalyse.
   Als Betrag der komplexen Größe wurde bisher aus anschaulichen Gründen die Amplitude verwandt. Der Betrag der zukünftig anzuwendenden Größe soll zu einfachen Beziehungen bei der Anwendung der folgenden Grundgesetze führen:
- Ohmsches Gesetz
- Kirchhoffsche Gesetze
- Leistungsgesetz

Ohmsches Gesetz und Kirchhoffsche Gesetze sind linear. Konsequenz: Der Betrag der komplexen Größe ist frei wählbar. Das Leistungsgesetz dagegen ist nichtlinear. Speziell: quadratischer Zusammenhang zwischen Strom/Leistung bzw. Spannung/Leistung am ohmschen Widerstand.

12 Harmonische Wechselgröße in komplexer Darstellung

Für Leistungsberechnungen soll ein Momentanwert benutzt werden, der die gleiche Leistungsaufnahme bewirkt, die dem Mittelwert der Leistung während einer Periode entspricht (=Effektivwert).

Der Effektivwert ist auch beim Ohmschen Gesetz und bei den Kirchhoffschen Gesetzen anwendbar und ist somit für alle drei Gesetze geeignet.

In Kapitel 14 werden die folgenden Effektivwerte für sinusförmige Größen hergeleitet:

Effektivspannung $\quad U_{\mathit{eff}} = \dfrac{u_s}{\sqrt{2}} = U$ \hfill (12.3.2)

Effektivstrom $\quad I_{\mathit{eff}} = \dfrac{i_s}{\sqrt{2}} = I$ \hfill (12.3.3)

Wichtig: bei nicht-sinusförmigen Vorgängen → andere Faktoren (Kapitel 14)
Es folgt die komplexe Zeitfunktion

Spannung $\quad \underline{U} = U \cdot e^{j(\omega t + \varphi_u)}$ \hfill (12.3.4)

Strom $\quad \underline{I} = I \cdot e^{j(\omega t + \varphi_i)}$ \hfill (12.3.5)

12.3.3
Komplexer Festzeiger des Effektivwertes

Die lineare Netzwerkanalyse betrachtet das Netz im quasistationären Zustand. Repräsentative Berechnungen können zu jedem Zeitpunkt, also auch bei t=0 durchgeführt werden. Die relative Zuordnung der Spannungen bzw. Ströme bleibt erhalten.

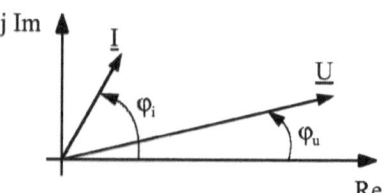

Abb.12.3.2. Zeigerdiagramm der Effektivgrößen

Festzeiger → Zustand bei t=0. Es folgt aus (12.3.4) und (12.3.5)

Spannung $\quad \underline{U} = U \cdot e^{j\varphi_u}$ \hfill (12.3.6)

Strom $\quad \underline{I} = I \cdot e^{j\varphi_i}$ \hfill (12.3.7)

13 Grundzweipole

13.1 Grundzweipol ohmscher Widerstand R

Der Zusammenhang zwischen U und I an einem ohmschen Widerstand beschreibt eine Materialeigenschaft, die als „Widerstand R" oder als „Leitwert G" ausgedrückt werden kann.

Einheit des Widerstandes $\quad R = 1\ \Omega$ (Ohm) $\qquad$ (13.1.1)

Leitwert und Widerstand sind komplementäre Beschreibungen des gleichen physikalischen Phänomens:

$$R = \frac{1}{G} \qquad (13.1.2)$$

Einheit des Leitwertes $\quad G = 1\ S$ (Siemens) $\qquad$ (13.1.3)

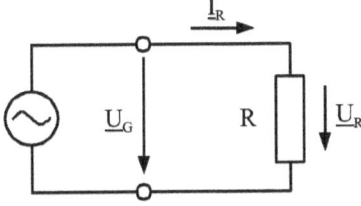

Abb. 13.1.1. Grundzweipol R

Zeitfunktion im eingeschwungenen Zustand

$$u(t) = R \cdot i(t) \qquad (13.1.4)$$

gilt zu jedem Zeitpunkt. Keine Phasenverschiebung zwischen $\underline{U}_R$ und $\underline{I}_R$.

Darstellung im Komplexen: $\quad \underline{U} = R \cdot \underline{I} \qquad (13.1.5)$

Impedanz des Widerstandes $\quad \underline{Z}_R = R \qquad (13.1.6)$

Admittanz des Widerstandes $\quad \underline{Y}_R = \dfrac{1}{R} = G \qquad (13.1.7)$

13.2
Grundzweipol Kapazität C

Tritt an einem Kondensator eine Spannung auf, so befindet sich zwischen den Platten ein elektrisches Feld. Im elektrischen Feld ist Energie gespeichert. Der Kondensator ist ein Energiespeicher. Da sich der Energiezustand nicht sprunghaft ändern kann, sind Strom- und Spannungsänderungen nicht linear.

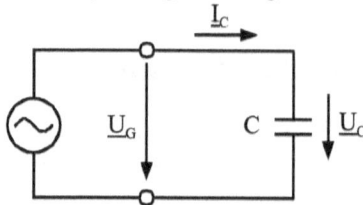

Abb. 13.2.1. Grundzweipol C

Einheit der Kapazität	$C = 1F = 1\dfrac{As}{V}$ (Farad)	(13.2.1)

Zeitabhängiger Strom	$i = C \cdot \dfrac{du}{dt}$	(13.2.2)

mit	$u = u_s \sin \omega t$	(13.2.3)

folgt im eingeschwungenen Zustand

$$i = u_s \cdot \omega C \cdot \cos \omega t = u_s \cdot \omega C \cdot \sin(\omega t + \frac{\pi}{2}) \qquad (13.2.4)$$

Tabelle 13.2.1. Äquivalente Darstellung der Zeitfunktionen

Zeitfunktion	Drehzeiger	Festzeiger
$u = u_s \sin \omega t$	$\underline{U} = U \cdot e^{j\omega t}$	$\underline{U} = U$
$i = u_s \cdot \sin(\omega t + \dfrac{\pi}{2}) \cdot \omega C$	$\underline{I} = U \cdot e^{j(\omega t + \frac{\pi}{2})} \cdot \omega \cdot C$	$\underline{I} = U \cdot e^{j\frac{\pi}{2}} \cdot \omega \cdot C$ oder mit (12.2.18) $\underline{I} = U \cdot j \cdot \omega \cdot C$

13.2 Grundzweipol Kapazität C

In Tabelle 13.2.1 zeigt sich folgender Zusammenhang zwischen Strom und Spannung am Zweipol C:

$$\underline{I}_C = j \cdot \omega \cdot C \cdot \underline{U}_C \qquad (13.2.5)$$

oder

$$\underline{U}_C = \frac{1}{j \cdot \omega \cdot C} \cdot \underline{I}_C \qquad (13.2.6)$$

Mit dem Komplexen Leitwert = Admittanz $\underline{Y}$

bzw. dem Komplexen Widerstand = Impedanz $\underline{Z}$

folgt das ohmsche Gesetz im Komplexen:

$$\underline{I}_C = \underline{Y}_C \cdot \underline{U}_C \qquad (13.2.7)$$

bzw.

$$\underline{U}_C = \underline{Z}_C \cdot \underline{I}_C \qquad (13.2.8)$$

Koeffizientenvergleich (13.2.7) mit (13.2.5) liefert

Admittanz der Kapazität C:

$$\underline{Y}_C = j \cdot \omega \cdot C \qquad (13.2.9)$$

Koeffizientenvergleich (13.2.8) mit (13.2.6) liefert

Impedanz der Kapazität C:

$$\underline{Z}_C = \frac{1}{j \cdot \omega \cdot C} \qquad (13.2.10)$$

13.3
Grundzweipol Induktivität L

Eine stromdurchflossene Induktivität erzeugt eine Magnetfeld. Im magnetischen Feld ist Energie gespeichert. Die Induktivität ist ein Energiespeicher. Da sich der Energiezustand nicht sprunghaft ändern kann, sind Strom- und Spannungsänderungen nicht linear.

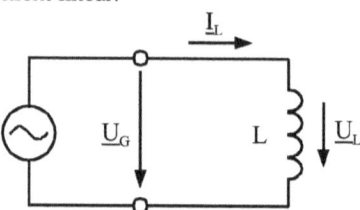

Abb. 13.3.1. Grundzweipol L

Einheit der Induktivität	$L = 1H = 1\dfrac{Vs}{A}$ (Henry)	(13.3.1)

Zeitabhängige Spannung	$u = L \cdot \dfrac{di}{dt}$	(13.3.2)

mit	$i = i_s \cdot \sin \omega t$	(13.3.3)

folgt im eingeschwungenen Zustand

$$u = i_s \cdot \omega L \cdot \cos \omega t = i_s \cdot \omega L \cdot \sin(\omega t + \frac{\pi}{2}) \qquad (13.3.4)$$

Tabelle 13.3.1. Äquivalente Darstellung der Zeitfunktionen

Zeitfunktion	Drehzeiger	Festzeiger
$i = i_s \cdot \sin \omega t$	$\underline{I} = I \cdot e^{j\omega t}$	$\underline{I} = I$
$u = i_s \cdot \sin(\omega t + \dfrac{\pi}{2}) \cdot \omega L$	$\underline{U} = I \cdot e^{j(\omega t + \frac{\pi}{2})} \cdot \omega \cdot L$	$\underline{U} = I \cdot e^{j\frac{\pi}{2}} \cdot \omega \cdot L$
		oder mit (12.2.18)
		$\underline{U} = I \cdot j \cdot \omega \cdot L$

13.3 Grundzweipol Induktivität L

In Tabelle 13.3.1 zeigt sich folgender Zusammenhang zwischen Strom und Spannung am Zweipol L:

$$\underline{U}_L = j \cdot \omega \cdot L \cdot \underline{I}_L \qquad (13.3.5)$$

oder
$$\underline{I}_L = \frac{1}{j \cdot \omega \cdot L} \cdot \underline{U}_L \qquad (13.3.6)$$

Mit dem Komplexen Leitwert = Admittanz $\underline{Y}$
bzw. dem Komplexen Widerstand = Impedanz $\underline{Z}$
folgt das ohmsche Gesetz im Komplexen:

$$\underline{I}_L = \underline{Y}_L \cdot \underline{U}_L \qquad (13.3.7)$$

bzw.
$$\underline{U}_L = \underline{Z}_L \cdot \underline{I}_L \qquad (13.3.8)$$

Koeffizientenvergleich (13.3.7) mit (13.3.6) liefert

Admittanz der Induktivität L: $\quad \underline{Y}_L = \dfrac{1}{j \cdot \omega \cdot L} \qquad (13.3.9)$

Koeffizientenvergleich (13.3.8) mit (13.3.5) liefert

Impedanz der Induktivität L: $\quad \underline{Z}_L = j \cdot \omega \cdot L \qquad (13.3.10)$

13.4
Ohmsches Gesetz im Komplexen

Mit Einführung der

   Komplexen Widerstände = Impedanzen $\underline{Z}$

bzw. der Komplexen Leitwerte = Admittanzen $\underline{Y}$

gilt das Ohmsche Gesetz formal auch im Komplexen:

$$\underline{U} = \underline{Z} \cdot \underline{I} \qquad (13.4.1)$$

bzw. $\underline{I} = \underline{Y} \cdot \underline{U}$ (13.4.2)

Die lineare Netzwerkanalyse im Komplexen basiert auf drei Grundzweipolen:

Tabelle 13.4.1. Impedanzen und Admittanzen der Grundzweipole

Zweipol	R	L	C
Impedanz $\underline{Z}$	R	$j\omega L$	$\dfrac{1}{j\omega C}$
Admittanz $\underline{Y}$	$G = \dfrac{1}{R}$	$\dfrac{1}{j\omega L}$	$j\omega C$

13.5
Kirchhoffsche Gesetze im Komplexen

Die Anwendung der komplexen Netzwerkanalyse ist auf lineare Netze im quasistationären Zustand beschränkt. Damit ist der Überlagerungssatz gültig.

 Die Kirchhoffschen Gesetze setzen die Gültigkeit des Überlagerungssatzes voraus. Dies ist gegeben. Es folgt: Die Kirchhoffschen Gesetze sowie die daraus abgeleiteten Knotenpunkt- bzw. Maschenstrom-Analyse sind im Komplexen anwendbar.

13.5 Kirchhoffsche Gesetze im Komplexen

Fallbeispiel 13.5.1. Das folgende R-L-C-Netzwerk soll auf seine Eigenschaften untersucht werden.

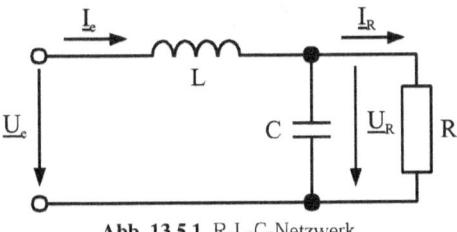

Abb. 13.5.1. R-L-C-Netzwerk.

a) Berechnen Sie die Eingangsimpedanz $\underline{Z}_e$
b) Welcher Eingansstrom $\underline{I}_e$ und $I_e = |\underline{I}_e|$ fließt, wenn die Eingangsspannung $\underline{U}_e = 230V/50Hz$ angeschlossen wird?

Vorgaben

$$L := 140mH \qquad C := 28\mu F \qquad R := 240\Omega \qquad (13.5.1)$$

Netzspannung $\qquad \underline{U}_e := 230V \qquad (13.5.2)$

Netz-Kreisfrequenz $\qquad \omega := 2\cdot\pi\cdot 50Hz \qquad (13.5.3)$

Resultierende Impedanzen

$$\underline{Z}_1 := j\cdot\omega\cdot L \qquad \underline{Z}_2 := \frac{1}{j\cdot\omega\cdot C} \qquad \underline{Z}_3 := R \qquad (13.5.4)$$

Parallelschaltung $\qquad \Pi(\underline{Z}_1, \underline{Z}_2) := \dfrac{\underline{Z}_1 \cdot \underline{Z}_2}{\underline{Z}_1 + \underline{Z}_2} \qquad (13.5.5)$

Lösung zu a). Eingangsimpedanz.
Die Eingangsimpedanz folgt aus der Reihenschaltung von L mit der Parallelschaltung von C und R:

Eingangsimpedanz $\qquad \underline{Z}_e := \underline{Z}_1 + \underline{Z}_2 \,\Pi\, \underline{Z}_3 \qquad (13.5.6)$

Bei Anwendung der Funktion $\Pi(\underline{Z}_1, \underline{Z}_2)$ als Mathcad-Infix-Operator folgt sofort

$$\underline{Z}_e = 43.981 - 48.867j\,\Omega \qquad (13.5.7)$$

Effektivwert $\qquad Z_e := |\underline{Z}_e| \qquad Z_e = 65.744\Omega \qquad (13.5.8)$

Phasenwinkel (Bogenmaß) $\qquad \varphi := \arg(\underline{Z}_e) \qquad \varphi = -0.838 \qquad (13.5.9)$

Lösungsweg mit Taschenrechner ohne komplexe Rechenfunktionen.

$$\underline{Z}_e = \underline{Z}_1 + \frac{\underline{Z}_2 \cdot \underline{Z}_3}{\underline{Z}_2 + \underline{Z}_3} \qquad (13.5.10)$$

Mit den Impedanzen
$$\underline{Z}_e = j \cdot \omega \cdot L + \frac{\frac{1}{j \cdot \omega \cdot C} \cdot R}{\frac{1}{j \cdot \omega \cdot C} + R} \qquad (13.5.11)$$

$$\underline{Z}_e = j \cdot \omega \cdot L + \frac{\frac{1}{j \cdot \omega \cdot C} \cdot R}{\frac{1 + j \cdot \omega \cdot C \cdot R}{j \cdot \omega \cdot C}} \qquad (13.5.12)$$

vereinfacht
$$\underline{Z}_e := j \cdot \omega \cdot L + \frac{R}{1 + j \cdot \omega \cdot C \cdot R} \qquad (13.5.13)$$

Zur Darstellung in kartesischen Koordinaten (Realteil + j Imaginärteil) muss j aus dem Nenner entfernt werden. Dies wird durch Erweiterung des Bruchs mit dem konjugiert-komplexen Wert des Nenners erreicht.

$$\underline{Z}_e = j \cdot \omega \cdot L + \frac{R}{(1 + j \cdot \omega \cdot C \cdot R)} \cdot \frac{(1 - j \cdot \omega \cdot C \cdot R)}{(1 - j \cdot \omega \cdot C \cdot R)} \qquad (13.5.14)$$

Einschub: Binomische Formel:

$$(a + b) \cdot (a - b) = a^2 - b^2 \qquad (13.5.15)$$

im Komplexen mit b=imaginäre Zahl j b

$$(a + j \cdot b) \cdot (a - j \cdot b) = a^2 - j^2 b^2 \qquad (13.5.16)$$

oder
$$(a + j \cdot b) \cdot (a - j \cdot b) = a^2 + b^2 \qquad (13.5.17)$$

somit folgt

$$\underline{Z}_e = j \cdot \omega \cdot L + \frac{R \cdot (1 - j \cdot \omega \cdot C \cdot R)}{1 + (\omega \cdot C \cdot R)^2} \qquad (13.5.18)$$

13.5 Kirchhoffsche Gesetze im Komplexen

$$\underline{Z}_e = j \cdot \omega \cdot L + \frac{R}{1 + (\omega \cdot C \cdot R)^2} - \frac{j \cdot \omega \cdot C \cdot R^2}{1 + (\omega \cdot C \cdot R)^2} \qquad (13.5.19)$$

$$\underline{Z}_e := \frac{R}{1 + (\omega \cdot C \cdot R)^2} + j \cdot \left[\omega \cdot L - \frac{\omega \cdot C \cdot R^2}{1 + (\omega \cdot C \cdot R)^2} \right] \qquad (13.5.20)$$

Realteil und Imaginärteil können getrennt berechnet werden.

Zahlenwert $\qquad \underline{Z}_e = 43.981 - 48.867 j \Omega \qquad (13.5.21)$

Lösung zu b). Eingangsstrom
Der Eingangsstrom errechnet sich mit dem ohmschen Gesetz durch Quotientenbildung. Diese Rechnung wird zweckmäßigerweise in Polarkoordinaten durchgeführt.
Koordinatentransformation kartesisch-polar:

Effektivwert $\qquad Z_e := \sqrt{\text{Re}(\underline{Z}_e)^2 + \text{Im}(\underline{Z}_e)^2} \qquad (13.5.22)$

$$Z_e = 65.744 \Omega \qquad (13.5.23)$$

Phasenwinkel $\qquad \varphi := \text{atan}\left(\frac{\text{Im}(\underline{Z}_e)}{\text{Re}(\underline{Z}_e)}\right) \qquad (13.5.24)$

Winkel im Bogenmaß $\qquad \varphi = -0.838 \qquad (13.5.25)$

Es folgt der Eingangsstrom $\qquad \underline{I}_e = \dfrac{\underline{U}_e}{Z_e \cdot e^{j \cdot \varphi}} \qquad (13.5.26)$

oder $\qquad \underline{I}_e := \dfrac{\underline{U}_e}{Z_e} \cdot e^{-j \cdot \varphi} \qquad (13.5.27)$

Effektivwert $\qquad I_e := |\underline{I}_e| \qquad (13.5.28)$
$\qquad\qquad\qquad\quad I_e = 3.498 \text{A} \qquad (13.5.29)$

Eingangsstrom $\qquad \underline{I}_e := I_e e^{-j \cdot \varphi} \qquad (13.5.30)$

$\qquad\qquad\qquad\quad \underline{I}_e := 3.498 \text{A} \cdot e^{j \cdot 0.838} \qquad (13.5.31)$

13.6
Netzwerkanalyse mit Zeigerdiagramm

13.6.1
Konstruktion des Zeigerdiagramms

Gegeben ist das folgende Netzwerk mit allen Werten R, L, C, $\underline{U}$ und ω.
Gesucht: $\underline{I}$

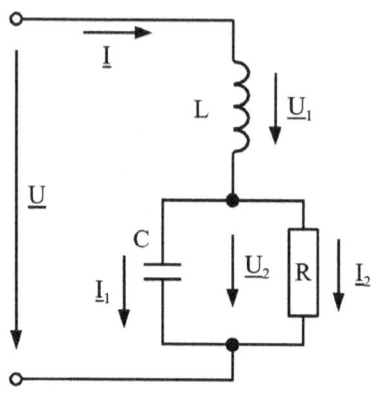

Abb. 13.6.1. R-L-C-Netzwerk.

Die maßstäbliche, zeichnerische Lösung dieser Aufgabe ist in 12 Schritten möglich:

(1) Gewählt: I_2
(2) Gezeichnet I_2
(3) Gerechnet $U_2 = R \cdot I_2$
(4) Gezeichnet U_2
(5) Gerechnet $I_1 = \omega \cdot C \cdot U_2$
(6) Gezeichnet I_1
(7) parallel verschieben
(8) Gezeichnet: Addition $I_1 + I_2 = I$
(9) Gerechnet $U_1 = \omega \cdot L \cdot I$
(10) Gezeichnet $\perp zu\, I$
(11) parallel verschieben
(12) Gezeichnet $U = U_1 + U_2$

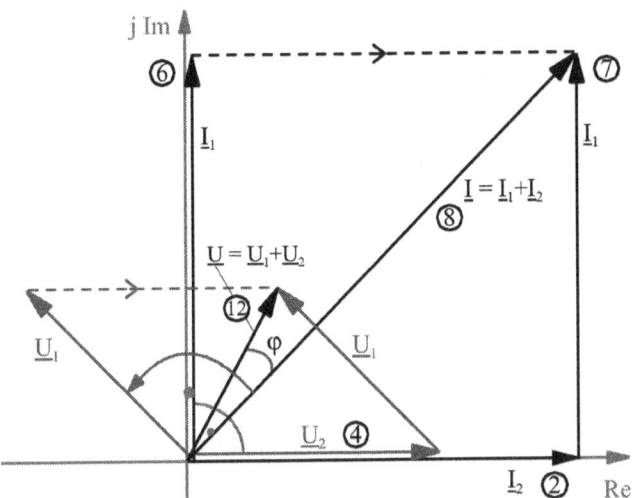

Abb. 13.6.2. Maßstäbliche grafische Lösung mit Zeigerdiagramm.

13.6.2
Grenzen des Zeigerdiagramms

Gegeben seien alle Bauteile des folgenden Netzwerks sowie die Spannung $\underline{U}$ und die Frequenz ω.

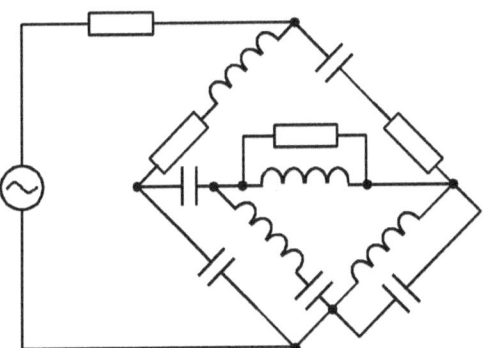

Abb. 13.6.3. Komplexes Netzwerk.

Gesucht sind Ströme und Spannungen an allen Zweipolen.

→ Hier versagt das Zeigerdiagramm.

→ Mit komplexer Rechnung kein Problem.

13.7
Knotenpunkt-Potential-Analyse im Komplexen

Ein lineares Netzwerk, bestehend aus K Knoten und Z Zweigen kann bezüglich der Knotenpunktpotentiale $\underline{U}_K$ durch

$$N = K - 1 \qquad (13.7.1)$$

unabhängige Gleichungen beschrieben werden.

Vorbereitung der Darstellung des Netzwerkes:

- alle Impedanzen in Admittanzen umwandeln:

$$\underline{Y}_i = \frac{1}{\underline{Z}_i} \qquad (13.7.2)$$

- alle Spannungsquellen in äquivalente Stromquellen umwandeln

$$\underline{I}_{sci} = \frac{\underline{U}_{oci}}{\underline{Z}_i} \qquad (13.7.3)$$

Wichtig: zur Umwandlung der Spannungsquellen muss $0 < |\underline{Z}_i| < \infty$ sein! Wird im realen Schaltbild der Innenwiderstand vernachlässigt (d.h. Serien-Innenwiderstand sehr klein bei eingeprägter Spannungsquelle) und ist im Zweig kein anderer Widerstand vorhanden, so kann ersatzweise als Innenwiderstand ein Mess-Shunt (z.B. 10mΩ) eingesetzt werden. Der resultierende Fehler ist der gleiche, wie der durch eine reale Messung verursachte Fehler.

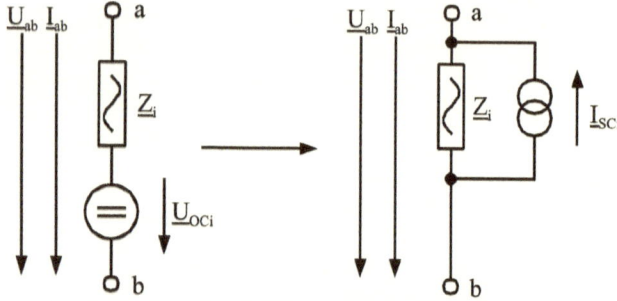

Abb. 13.7.1. Umwandlung Spannungsquelle in Stromquelle.

13.7 Knotenpunkt-Potential-Analyse im Komplexen

Die Durchführung der Knotenpunkt-Potential-Analyse erfolgt in 5 Schritten

1. Feststellung der Anzahl K der Knoten des Netzes
2. Wahl eines Knotens als Bezugsknoten K_0

Bezugspotential: $\underline{U}_{K0} = 0 V$ (13.7.4)

3. Erstellung der Knoten-Admittanz-Matrix (KAM)
4. Erstellung des Vektors der Knoten-Einströmungen

Quadratische Matrix und Vektor mit N=K–1 Zeilen:

$\underline{U}_{K1}$	$\underline{U}_{K2}$	$\underline{U}_{K3}$	...	$\underline{U}_{KN}$	=	
$\underline{Y}_{11}$	$-\underline{Y}_{12}$	$-\underline{Y}_{13}$	...	$-\underline{Y}_{1N}$		$\underline{I}_{K1}$
$-\underline{Y}_{21}$	$\underline{Y}_{22}$	$-\underline{Y}_{23}$	...	$-\underline{Y}_{2N}$		$\underline{I}_{K2}$
$-\underline{Y}_{31}$	$-\underline{Y}_{32}$	$\underline{Y}_{33}$	...	$-\underline{Y}_{3N}$		$\underline{I}_{K3}$
⋮		⋮		⋮		⋮
$-\underline{Y}_{N1}$	$-\underline{Y}_{N2}$	$-\underline{Y}_{N3}$	...	$\underline{Y}_{NN}$		$\underline{I}_{KN}$

$\underline{U}_{Ki}$ Potential im Knoten i
$\underline{I}_{Ki}$ Resultierende Einströmung in Knoten i
$\underline{Y}_{ii}$ Σ aller Admittanzen mit Kontakt zu Knoten i
$-\underline{Y}_{ik}$ Admittanz zwischen Knoten i und k (immer negativ!)
$\underline{Y}_{ik}=0$ wenn ohne Verbindung

In linearen Netzwerken gilt:

$$\underline{Y}_{ik} = \underline{Y}_{ki}$$ (13.7.5)

5. Lösen des Linearen Gleichungssystems

$$\begin{pmatrix} \underline{Y}_{11} & -\underline{Y}_{12} & -\underline{Y}_{13} & -\underline{Y}_{1N} \\ -\underline{Y}_{21} & \underline{Y}_{22} & -\underline{Y}_{23} & -\underline{Y}_{2N} \\ -\underline{Y}_{31} & -\underline{Y}_{32} & \underline{Y}_{33} & -\underline{Y}_{3N} \\ -\underline{Y}_{N1} & -\underline{Y}_{N2} & -\underline{Y}_{N3} & \underline{Y}_{NN} \end{pmatrix} \cdot \begin{pmatrix} \underline{U}_{K1} \\ \underline{U}_{K2} \\ \underline{U}_{K3} \\ \underline{U}_{KN} \end{pmatrix} = \begin{pmatrix} \underline{I}_{K1} \\ \underline{I}_{K2} \\ \underline{I}_{K3} \\ \underline{I}_{KN} \end{pmatrix}$$ (13.7.6)

Abb. 13.7.2. Knoten-Admittanz-Matrix (KAM).

Fallbeispiel 13.7.
Knotenpunkt-Potential-Analyse im Komplexen.

Das folgende R-L-C-Netzwerk wird durch eine Spannungsquelle gespeist.

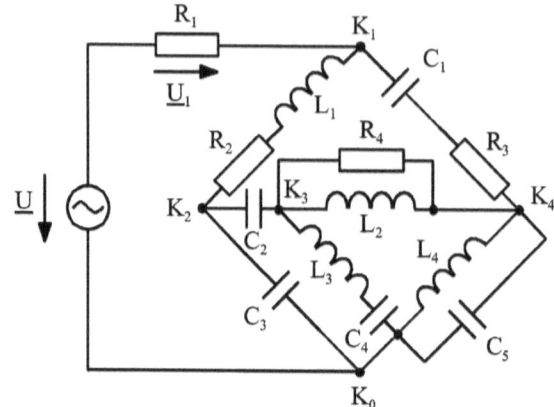

Abb. 13.7.3. R-L-C-Netzwerk zur Knotenpunkt-Potential-Analyse.

Gegeben sind $\underline{U}$, ω und alle Bauteile. Gesucht sind die Spannungen und Ströme an allen ohmschen Widerständen.

Vorgaben

Startindex:	ORIGIN:= 1	(13.7.7)
Einheiten-Definition:	$mS := S \cdot 10^{-3}$	(13.7.8)

Spannungsquelle

Spannung	$\underline{U} := 230\,V$	(13.7.9)
Kreisfrequenz	$\omega := 2 \cdot \pi \cdot 50 Hz$	(13.7.10)

13.7 Knotenpunkt-Potential-Analyse im Komplexen

Bauteile

Widerstände
$$R := \begin{pmatrix} 1.2 \\ 3.3 \\ 4.7 \\ 3.9 \end{pmatrix} \cdot k\Omega \qquad (13.7.11)$$

Induktivitäten
$$L := \begin{pmatrix} 12 \\ 33 \\ 68 \\ 82 \end{pmatrix} \cdot mH \qquad (13.7.12)$$

Kapazitäten
$$C := \begin{pmatrix} 4.7 \\ 3.3 \\ 6.8 \\ 8.2 \\ 3.3 \end{pmatrix} \cdot \mu F \qquad (13.7.13)$$

Darstellung des Netzwerkes durch die Zweig-Admittanzen.

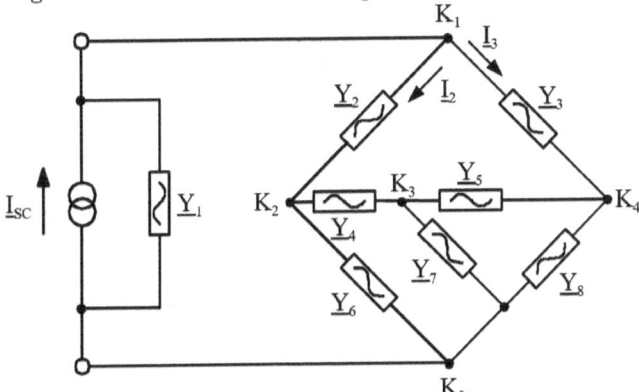

Abb. 13.7.4. Admittanz-Netzwerk zur Knotenpunkt-Potential-Analyse.

Die Spannungsquelle wird mit R_1 als Hilfs-Innenwiderstand in eine Stromquelle gewandelt:

$$\underline{I_{sc}} := \frac{\underline{U}}{R_1} \qquad (13.7.14)$$

Knotenpunkt-Potential-Analyse in 5 Schritten.

1. Feststellung der Anzahl K der Knoten des Netzes
$$K := 5 \qquad (13.7.15)$$
Unabhängige Knotengleichungen
$$N := K - 1 \qquad (13.7.16)$$
$$N = 4 \qquad (13.7.17)$$
2. Wahl eines Knotens als Bezugsknoten K_0
Befindet sich nur eine Quelle im Netz, so wird üblicherweise der negative Pol der Quelle auf das Potential
$$U_{K0} := 0V \qquad (13.7.18)$$
gelegt, in Abb.13.7.3 folglich auf Knoten K_0.

3. Erstellung der Knoten-Admittanz-Matrix (KAM).
Zunächst muss eine Liste aller Zweig-Admittanzen aufgestellt werden. Im vorliegenden Fall bestehen die Zweig-Admittanzen aus den folgenden Werten:

$$\text{Zweig-Admittanzen} \qquad \underline{Y} := \begin{pmatrix} \dfrac{1}{R_1} \\ \dfrac{1}{R_2 + j \cdot \omega \cdot L_1} \\ \dfrac{1}{R_3 + \dfrac{1}{j \cdot \omega \cdot C_1}} \\ j \cdot \omega \cdot C_2 \\ \dfrac{1}{R_4} + \dfrac{1}{j \cdot \omega \cdot L_2} \\ j \cdot \omega \cdot C_3 \\ \dfrac{1}{j \cdot \omega \cdot L_3 + \dfrac{1}{j \cdot \omega \cdot C_4}} \\ j \cdot \omega \cdot C_5 + \dfrac{1}{j \cdot \omega \cdot L_4} \end{pmatrix} \qquad (13.7.19)$$

Zur Aufstellung der Knoten-Admittanz-Matrix werden zunächst die Admittanzsummen der Hauptdiagonalen aufgestellt:

$$\underline{Y}_{ii} := \begin{pmatrix} \underline{Y}_1 + \underline{Y}_2 + \underline{Y}_3 \\ \underline{Y}_2 + \underline{Y}_4 + \underline{Y}_6 \\ \underline{Y}_4 + \underline{Y}_5 + \underline{Y}_7 \\ \underline{Y}_3 + \underline{Y}_5 + \underline{Y}_8 \end{pmatrix}$$
(13.7.20)

Knoten-Admittanz-Matrix:

$$KAM := \begin{pmatrix} \underline{Y}_{ii_1} & -\underline{Y}_2 & 0 & -\underline{Y}_3 \\ -\underline{Y}_2 & \underline{Y}_{ii_2} & -\underline{Y}_4 & 0 \\ 0 & -\underline{Y}_4 & \underline{Y}_{ii_3} & -\underline{Y}_5 \\ -\underline{Y}_3 & 0 & -\underline{Y}_5 & \underline{Y}_{ii_4} \end{pmatrix}$$
(13.7.21)

4. Erstellung des Vektors der Knoten-Einströmungen
Die Stromquelle (Spannungsquelle mit externem Hilfs-Innenwiderstand) wird zwischen Knoten K_1 und Knoten K_0 angeschlossen.

$$\underline{I}_{sc} := \frac{\underline{U}}{R_1}$$
(13.7.22)

Da das Potential eines Knotens (hier:K_0) festgelegt ist und somit nicht mehr berechnet werden muss, entfällt dieser Bezugsknoten bei der Eingabe der Einströmungen.

$$\underline{I}_K := \begin{pmatrix} \underline{I}_{sc} \\ 0 \\ 0 \\ 0 \end{pmatrix}$$
(13.7.23)

5. Lösen des Linearen Gleichungssystems
Die Knotenpunktpotentiale $\underline{U}_K$ können mit der Mathcad-Funktion „llösen" (Doppel-l für „linear lösen") berechnet werden:

$$\underline{U}_K := \text{llösen}(KAM, \underline{I}_K)$$
(13.7.24)

Es ergeben sich die Knotenpunktpotentiale

$$\underline{U}_K = \begin{pmatrix} 142.488 - 5.889j \\ 0.632 - 13.059j \\ -0.113 + 1.499j \\ -0.102 + 1.3j \end{pmatrix} V \qquad (13.7.25)$$

Die Spannungen und Ströme an den 4 ohmschen Widerständen im vorliegenden Netzwerk berechnen sich wie folgt:

R$_1$

Eingangsspannung $\qquad \underline{U}_1 := \underline{U} - \underline{U}_{K_1}$ $\qquad (13.7.26)$

mit $\qquad \underline{U} := 230 \, V$ $\qquad (13.7.27)$

folgt $\qquad \underline{U}_1 = 87.512 + 5.889j \, V$ $\qquad (13.7.28)$

Effektivwert $\qquad |\underline{U}_1| = 87.71 \, V$ $\qquad (13.7.29)$

Eingangsstrom $\qquad \underline{I}_1 := \dfrac{\underline{U}_1}{R_1}$ $\qquad (13.7.30)$

$\qquad \underline{I}_1 = 72.926 + 4.908j \, mA$ $\qquad (13.7.31)$

Effektivwert $\qquad |\underline{I}_1| = 73.091 \, mA$ $\qquad (13.7.32)$

R$_2$

Strom durch Admittanz $\underline{Y}_2$ $\qquad \underline{I}_2 := (\underline{U}_{K_1} - \underline{U}_{K_2}) \cdot \underline{Y}_2$ $\qquad (13.7.33)$

$\qquad \underline{I}_2 = 42.989 + 2.123j \, mA$ $\qquad (13.7.34)$

Effektivwert $\qquad |\underline{I}_2| = 43.042 \, mA$ $\qquad (13.7.35)$

Spannung an Widerstand R$_2$ $\qquad \underline{U}_2 := \underline{I}_2 \cdot R_2$ $\qquad (13.7.36)$

$\qquad \underline{U}_2 = 141.864 + 7.007j \, V$ $\qquad (13.7.37)$

Effektivwert $\qquad |\underline{U}_2| = 142.037 \, V$ $\qquad (13.7.38)$

R_3

Strom durch Admittanz $\underline{Y}_3$ $\quad \underline{I}_3 := \left(\underline{U}_{K_1} - \underline{U}_{K_4}\right) \cdot \underline{Y}_3 \quad$ (13.7.39)

$$\underline{I}_3 = 29.937 + 2.784\text{jmA} \quad (13.7.40)$$

Effektivwert $\quad \left|\underline{I}_3\right| = 30.066\text{mA} \quad$ (13.7.41)

Spannung an Widerstand R_3 $\quad \underline{U}_3 := \underline{I}_3 \cdot R_3 \quad$ (13.7.42)

$$\underline{U}_3 = 140.705 + 13.086\text{jV} \quad (13.7.43)$$

Effektivwert $\quad \left|\underline{U}_3\right| = 141.312\text{V} \quad$ (13.7.44)

R_4

Spannung an Widerstand R_4 $\quad \underline{U}_4 := \underline{U}_{K_3} - \underline{U}_{K_4} \quad$ (13.7.45)

$$\underline{U}_4 = -0.011 + 0.199\text{jV} \quad (13.7.46)$$

Effektivwert $\quad \left|\underline{U}_4\right| = 0.199\text{V} \quad$ (13.7.47)

Strom durch Widerstand R_4 $\quad \underline{I}_4 := \dfrac{\underline{U}_4}{R_4} \quad$ (13.7.48)

$$\underline{I}_4 = -2.737 \times 10^{-3} + 0.051\text{jmA} \quad (13.7.49)$$

Effektivwert $\quad \left|\underline{I}_4\right| = 0.051\text{mA} \quad$ (13.7.50)

13.8
Maschenstrom-Analyse im Komplexen

Ein lineares Netzwerk, bestehend aus K Knoten und Z Zweigen kann bezüglich der unabhängigen Maschenströme $\underline{I}_M$ durch

$$N = Z - (K-1) \tag{13.8.1}$$

unabhängige Gleichungen beschrieben werden.

Vorbereitung der Darstellung des Netzwerkes:

- alle Admittanzen in Impedanzen umwandeln:

$$\underline{Z}_i = \frac{1}{\underline{Y}_i} \tag{13.8.2}$$

- alle Stromquellen in äquivalente Spannungsquellen umwandeln

$$\underline{U}_{oci} = \underline{I}_{sci} \cdot \underline{Z}_i \tag{13.8.3}$$

Wichtig: zur Umwandlung der Stromquellen muss $0 < |\underline{Z}_i| < \infty$ sein! Wird im realen Schaltbild der Innenwiderstand vernachlässigt (d.h. Parallel-Innenwiderstand sehr groß bei eingeprägter Stromquelle) so kann der Widerstand in einem parallelen Zweig ersatzweise als Hilfs-Innenwiderstand eingesetzt werden. Geeignet ist auch der Innenwiderstand eines Spannungsmessgerätes (einige MΩ), mit dem eine Spannungsmessung der Quelle simuliert wird. Der resultierende Fehler ist der gleiche, wie der durch eine reale Messung verursachte Fehler.

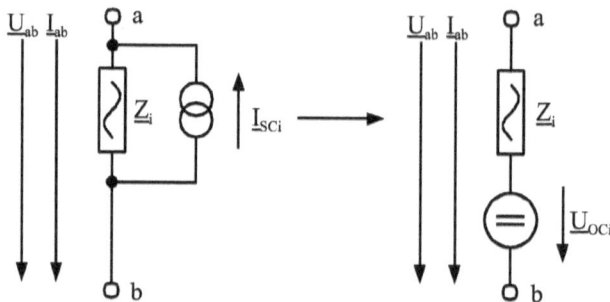

Abb. 13.8.1. Umwandlung Stromquelle in Spannungsquelle.

13.8 Maschenstrom-Analyse im Komplexen

Die Durchführung der Maschenstrom-Analyse erfolgt in 5 Schritten

1. Feststellung der Anzahl K der Knoten und Z der Zweige des Netzes
2. Festlegung von N=Z− (K−1) unabhängigen Maschen (mit Umlaufsinn).
3. Erstellung der Maschen-Impedanz-Matrix (MIM)
4. Erstellung des Vektors der Maschen-Spannungen

Quadratische Matrix und Vektor mit N=Z− (K−1) Zeilen:

$\underline{I}_{M1}$	$\underline{I}_{M2}$	$\underline{I}_{M3}$	...	$\underline{I}_{MN}$	=	
$\underline{Z}_{11}$	$\underline{Z}_{12}$	$\underline{Z}_{13}$	...	$\underline{Z}_{1N}$		$\underline{U}_{M1}$
$\underline{Z}_{21}$	$\underline{Z}_{22}$	$\underline{Z}_{23}$	...	$\underline{Z}_{2N}$		$\underline{U}_{M2}$
$\underline{Z}_{31}$	$\underline{Z}_{32}$	$\underline{Z}_{33}$	...	$\underline{Z}_{3N}$		$\underline{U}_{M3}$
⋮		⋮		⋮		
$\underline{Z}_{N1}$	$\underline{Z}_{N2}$	$\underline{Z}_{N3}$	...	$\underline{Z}_{NN}$		$\underline{U}_{MN}$

$\underline{I}_{Mi}$ Maschenstrom in Masche i
$\underline{U}_{Mi}$ Resultierende eingeprägte Spannung der Masche i
       gemessen in Richtung $-\underline{I}_M$ (entgegengesetzt $\underline{I}_M$!)
$\underline{Z}_{ii}$ Σ aller Impedanzen in Masche i
$\underline{Z}_{ik}$ Vorzeichenbehaftete Kopplungsimpedanz

$$\underline{Z}_{ik} = \begin{cases} \underline{Z} & \text{wenn Richtung } \underline{I}_{Mi} = \text{Richtung } \underline{I}_{Mk} \\ -\underline{Z} & \text{wenn Richtung } \underline{I}_{Mi} \neq \text{Richtung } \underline{I}_{Mk} \end{cases}$$

$\underline{Z}_{ik}=0$ wenn ohne Kopplung

In linearen Netzwerken gilt:

$$\underline{Z}_{ik} = \underline{Z}_{ki} \qquad (13.8.4)$$

5. Lösen des Linearen Gleichungssystems

$$\begin{pmatrix} \underline{Z}_{11} & \underline{Z}_{12} & \underline{Z}_{13} & \underline{Z}_{1N} \\ \underline{Z}_{21} & \underline{Z}_{22} & \underline{Z}_{23} & \underline{Z}_{2N} \\ \underline{Z}_{31} & \underline{Z}_{32} & \underline{Z}_{33} & \underline{Z}_{3N} \\ \underline{Z}_{N1} & \underline{Z}_{N2} & \underline{Z}_{N3} & \underline{Z}_{NN} \end{pmatrix} \cdot \begin{pmatrix} \underline{I}_{M1} \\ \underline{I}_{M2} \\ \underline{I}_{M3} \\ \underline{I}_{MN} \end{pmatrix} = \begin{pmatrix} \underline{U}_{M1} \\ \underline{U}_{M2} \\ \underline{U}_{M3} \\ \underline{U}_{MN} \end{pmatrix} \qquad (13.8.5)$$

Abb. 13.8.2. Maschen-Impedanz-Matrix (MIM).

13 Grundzweipole

Fallbeispiel 13.8.
Maschenstrom-Analyse im Komplexen.

Das folgende R-L-C-Netzwerk wird durch zwei Spannungsquellen gespeist.

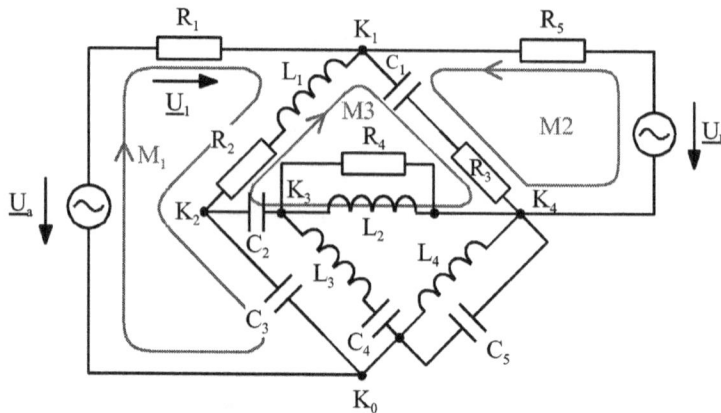

Abb. 13.8.3. R-L-C-Netzwerk zur Maschenstrom-Analyse.

Gegeben sind $\underline{U}$, ω und alle Bauteile. Gesucht sind die Spannungen und Ströme an allen ohmschen Widerständen.

Vorgaben

Startindex:	ORIGIN:= 1	(13.8.6)

Spannungsquellen

Spannung a	$\underline{U_a} := 230\,\text{V}$	(13.8.7)
Spannung b	$\underline{U_b} := 230\,\text{V} \cdot e^{j \cdot 120\text{Grad}}$	(13.8.8)
Kreisfrequenz	$\omega := 2 \cdot \pi \cdot 50\text{Hz}$	(13.8.9)

Bauteile

Widerstände
$$R := \begin{pmatrix} 1.2 \\ 6.8 \\ 3.3 \\ 4.7 \\ 1.0 \end{pmatrix} \cdot k\Omega \qquad (13.8.10)$$

Induktivitäten
$$L := \begin{pmatrix} 56 \\ 33 \\ 47 \\ 27 \end{pmatrix} \cdot mH \qquad (13.8.11)$$

Kapazitäten
$$C := \begin{pmatrix} 2.7 \\ 3.9 \\ 2.2 \\ 6.8 \\ 8.2 \end{pmatrix} \cdot \mu F \qquad (13.8.12)$$

Darstellung des Netzwerkes durch die Zweig-Impedanzen.

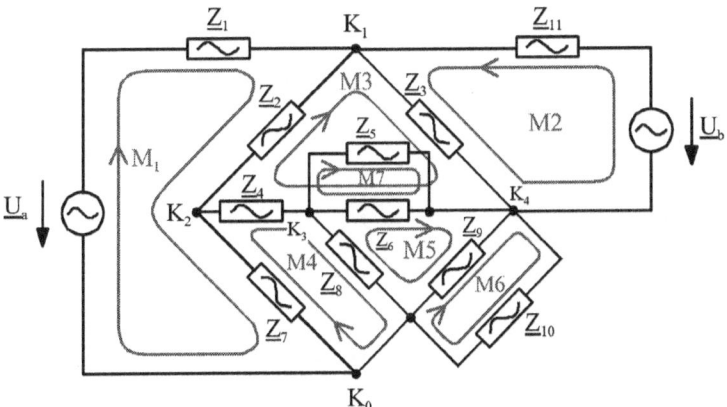

Abb. 13.8.4. Admittanz-Netzwerk zur Maschenstrom-Analyse.

Quellenumwandlung entfällt hier, da Spannungsquellen bereits gegeben.

Maschenstrom-Analyse in 5 Schritten.

1. Feststellung der Anzahl K der Knoten und Z der Zweige des Netzes

$$K := 5 \qquad (13.8.13)$$
$$Z := 11 \qquad (13.8.14)$$

2. Festlegung von N unabhängigen Maschen (mit Umlaufsinn).

$$N := Z - (K - 1) \qquad (13.8.15)$$
$$N = 7 \qquad (13.8.16)$$

3. Erstellung der Maschen-Impedanz-Matrix (MIM)

Zunächst muss eine Liste aller Zweig-Impedanzen aufgestellt werden. Im vorliegenden Fall bestehen die Zweig-Impedanzen aus den folgenden Werten:

$$\text{Zweig-Impedanzen} \qquad \underline{Z} := \begin{pmatrix} R_1 \\ R_2 + j \cdot \omega \cdot L_1 \\ R_3 + \dfrac{1}{j \cdot \omega \cdot C_1} \\ \dfrac{1}{j \cdot \omega \cdot C_2} \\ R_4 \\ j \cdot \omega \cdot L_2 \\ \dfrac{1}{j \cdot \omega \cdot C_3} \\ j \cdot \omega \cdot L_3 + \dfrac{1}{j \cdot \omega \cdot C_4} \\ j \cdot \omega \cdot L_4 \\ \dfrac{1}{j \cdot \omega \cdot C_5} \\ R_5 \end{pmatrix} \qquad (13.8.17)$$

13.8 Maschenstrom-Analyse im Komplexen

Zur Aufstellung der Maschen-Impedanz-Matrix werden zunächst die Impedanzsummen der Hauptdiagonalen aufgestellt:

$$\underline{Z}_{ii} := \begin{pmatrix} \underline{Z}_1 + \underline{Z}_2 + \underline{Z}_7 \\ \underline{Z}_3 + \underline{Z}_{11} \\ \underline{Z}_2 + \underline{Z}_3 + \underline{Z}_4 + \underline{Z}_6 \\ \underline{Z}_4 + \underline{Z}_7 + \underline{Z}_8 \\ \underline{Z}_6 + \underline{Z}_8 + \underline{Z}_9 \\ \underline{Z}_9 + \underline{Z}_{10} \\ \underline{Z}_5 + \underline{Z}_6 \end{pmatrix} \tag{13.8.18}$$

Maschen-Impedanz-Matrix:

$$\text{MIM} := \begin{pmatrix} \underline{Z}_{ii_1} & 0 & -\underline{Z}_2 & -\underline{Z}_7 & 0 & 0 & 0 \\ 0 & \underline{Z}_{ii_2} & \underline{Z}_3 & 0 & 0 & 0 & 0 \\ -\underline{Z}_2 & \underline{Z}_3 & \underline{Z}_{ii_3} & -\underline{Z}_4 & -\underline{Z}_6 & 0 & \underline{Z}_6 \\ -\underline{Z}_7 & 0 & -\underline{Z}_4 & \underline{Z}_{ii_4} & -\underline{Z}_8 & 0 & 0 \\ 0 & 0 & -\underline{Z}_6 & -\underline{Z}_8 & \underline{Z}_{ii_5} & -\underline{Z}_9 & -\underline{Z}_6 \\ 0 & 0 & 0 & 0 & -\underline{Z}_9 & \underline{Z}_{ii_6} & 0 \\ 0 & 0 & \underline{Z}_6 & 0 & -\underline{Z}_6 & 0 & \underline{Z}_{ii_7} \end{pmatrix} \tag{13.8.19}$$

4. Erstellung des Vektors der Maschen-Spannungen
Die Spannungsquelle $\underline{U}_a$ liegt in Masche 1 und $\underline{U}_b$ in Masche 2.

$$\underline{U}_M := \begin{pmatrix} \underline{U}_a \\ \underline{U}_b \\ 0 \\ 0 \\ 0 \\ 0 \\ 0 \end{pmatrix} \tag{13.8.20}$$

5. Lösen des Linearen Gleichungssystems

Die Maschenströme I_M können mit der Mathcad-Funktion „llösen" (Doppel-l für „linear lösen") berechnet werden:

$$\underline{I}_M := \text{llösen}(MIM, \underline{U}_M) \tag{13.8.21}$$

Es ergeben sich die Maschenströme

$$\underline{I}_M = \begin{pmatrix} 159.488 - 73.035j \\ -152.926 + 112.946j \\ 154.839 - 86.13j \\ 158.462 - 78.031j \\ 161.713 - 79.396j \\ -3.613 + 1.774j \\ -0.015 + 0.015j \end{pmatrix} \text{mA} \tag{13.8.22}$$

Die Spannungen und Ströme an den 5 ohmschen Widerständen im vorliegenden Netzwerk berechnen sich wie folgt:

R₁

Strom
$$\underline{I}_1 := \underline{I}_{M_1} \tag{13.8.23}$$

$$\underline{I}_1 = 159.488 - 73.035j\,\text{mA} \tag{13.8.24}$$

Effektivwert
$$|\underline{I}_1| = 175.415\,\text{mA} \tag{13.8.25}$$

Spannung
$$\underline{U}_1 := \underline{I}_1 \cdot R_1 \tag{13.8.26}$$

$$\underline{U}_1 = 191.386 - 87.642j\,\text{V} \tag{13.8.27}$$

Effektivwert
$$|\underline{U}_1| = 210.498\,\text{V} \tag{13.8.28}$$

R₂

Strom
$$\underline{I}_2 := (\underline{I}_{M_1} - \underline{I}_{M_3}) \tag{13.8.29}$$

$$\underline{I}_2 = 4.649 + 13.095j\,\text{mA} \tag{13.8.30}$$

Effektivwert	$\lvert \underline{I_2} \rvert = 13.896\,\text{mA}$	(13.8.31)
Spannung	$\underline{U_2} := \underline{I_2} \cdot R_2$	(13.8.32)
	$\underline{U_2} = 31.616 + 89.044\text{j}\,\text{V}$	(13.8.33)
Effektivwert	$\lvert \underline{U_2} \rvert = 94.49\,\text{V}$	(13.8.34)

R_3
Strom

$$\underline{I_3} := \underline{I_{M_2}} + \underline{I_{M_3}} \quad (13.8.35)$$

$$\underline{I_3} = 1.913 + 26.816\text{j}\,\text{mA} \quad (13.8.36)$$

Effektivwert	$\lvert \underline{I_3} \rvert = 26.885\,\text{mA}$	(13.8.37)
Spannung	$\underline{U_3} := \underline{I_3} \cdot R_3$	(13.8.38)
	$\underline{U_3} = 6.311 + 88.494\text{j}\,\text{V}$	(13.8.39)
Effektivwert	$\lvert \underline{U_3} \rvert = 88.719\,\text{V}$	(13.8.40)

R_4
Strom

$$\underline{I_4} := \underline{I_{M_7}} \quad (13.8.41)$$

$$\underline{I_4} = -0.015 + 0.015\text{j}\,\text{mA} \quad (13.8.42)$$

Effektivwert	$\lvert \underline{I_4} \rvert = 0.021\,\text{mA}$	(13.8.43)
Spannung	$\underline{U_4} := \underline{I_4} \cdot R_4$	(13.8.44)
	$\underline{U_4} = -0.07 + 0.071\text{j}\,\text{V}$	(13.8.45)
Effektivwert	$\lvert \underline{U_4} \rvert = 0.1\,\text{V}$	(13.8.46)

R₅

Strom $\qquad \underline{I}_5 := \underline{I}_{M_2}$ (13.8.47)

$\underline{I}_5 = -152.926 + 112.946j\,\text{mA}$ (13.8.48)

Effektivwert $\qquad |\underline{I}_5| = 190.114\,\text{mA}$ (13.8.49)

Spannung $\qquad \underline{U}_5 := \underline{I}_5 \cdot R_5$ (13.8.50)

$\underline{U}_5 = -152.926 + 112.946j\,\text{V}$ (13.8.51)

Effektivwert $\qquad |\underline{U}_5| = 190.114\,\text{V}$ (13.8.52)

14 Leistung und Energie an Grundzweipolen

Allgemein gilt für den Momentanwert der Leistung zu jedem Zeitpunkt

$$p(t) = u(t) \cdot i(t) \tag{14.1}$$

Es folgt die Energieübertragung in der Zeit t_1 bis t_2

$$W = \int_{t_1}^{t_2} p(t)\,dt = \int_{t_1}^{t_2} u(t) \cdot i(t)\,dt \tag{14.2}$$

Sonderfall: Die Energieübertragung während einer vollen Periode T

$$W = \int_{t=0}^{T} p(t)\,dt \tag{14.3}$$

soll vereinfacht durch einen Effektivwert beschrieben werden:

$$W = P_{\mathit{eff}} \cdot T \tag{14.4}$$

(14.4) mit (14.2)

$$P_{\mathit{eff}} \cdot T = \int_{t=0}^{T} u(t) \cdot i(t)\,dt \tag{14.5}$$

oder

$$P_{\mathit{eff}} = \frac{1}{T} \int_{t=0}^{T} u(t) \cdot i(t)\,dt \tag{14.6}$$

Der Mittelwert der Leistung während einer Periode wird als „Effektivleistung" bezeichnet. Werden für Energieberechnungen große Zeiträume Δt betrachtet (d.h. $\Delta t \gg T$), so kann Δt näherungsweise als ganzzahliges Vielfaches von T betrachtet werden, womit im stationären Zustand einfache Energieberechnungen möglich sind:

$$W = P_{\mathit{eff}} \cdot \Delta t \tag{14.7}$$

14.1
Leistung und Energie an R

Wird an einen ohmschen Widerstand R die Wechselspannung

$$u(t) = u_s \cdot \sin(\omega t) \qquad (14.1.1)$$

gelegt, so ergibt sich der Strom

$$i(t) = \frac{u(t)}{R} \qquad (14.1.2)$$

oder

$$i(t) = \frac{u_s}{R} \cdot \sin(\omega t) \qquad (14.1.3)$$

mit

$$p(t) = u(t) \cdot i(t) \qquad (14.1.4)$$

folgt weiter

$$p(t) = \frac{u_s^2}{R} \cdot \sin^2(\omega t) \qquad (14.1.5)$$

Einschub: Produkttheorem

$$\sin^2(\alpha) = \frac{1}{2}(1 - \cos(2\alpha)) \qquad (14.1.6)$$

angewandt auf (14.1.5)

$$p(t) = \frac{u_s^2}{2 \cdot R} \cdot (1 - \cos(2\omega t)) \qquad (14.1.7)$$

Analog gilt somit auch

$$p(t) = \frac{i_s^2 \cdot R}{2} \cdot (1 - \cos(2\omega t)) \qquad (14.1.8)$$

Es folgt die Effektivleistung am ohmschen Widerstand R mit (14.6)

$$P_{\mathit{eff}} = \frac{1}{T} \int_{t=0}^{T} \frac{i_s^2 \cdot R}{2} \cdot (1 - \cos(2\omega t))\, dt \qquad (14.1.9)$$

mit

$$T = \frac{2\pi}{\omega} \qquad (14.1.10)$$

folgt das Integral über eine Periodendauer

oder

$$P_{\mathit{eff}} = \frac{1}{T}(\frac{i_s^2 \cdot R}{2}[T - 0] - \underbrace{\left[\frac{i_s^2 \cdot R}{2 \cdot 2 \cdot \omega}\sin(2\omega t)\right]_0^T}_{0}) \qquad (14.1.11)$$

Hinweis: Das Integral einer Sinusfunktion über ganzzahlige Vielfache der Periodendauer ist immer Null.

$$P_{eff} = \frac{1}{T}(\frac{i_s^2 \cdot R}{2} \cdot T) \qquad (14.1.12)$$

oder
$$P_{eff} = \frac{i_s^2 \cdot R}{2} \qquad (14.1.13)$$

Analog gilt dann auch
$$P_{eff} = \frac{u_s^2}{2 \cdot R} \qquad (14.1.14)$$

Zur einfachen Darstellung der Leistungsberechnung sollen Effektivwerte für Strom und Spannung eingeführt werden, die in Anlehnung an die Gesetze im Gleichstromfall folgende Form haben:

$$P_{eff} = I_{eff}^2 \cdot R \qquad (14.1.15)$$

und
$$P_{eff} = \frac{U_{eff}^2}{R} \qquad (14.1.16)$$

Vergleich (14.1.15) und (14.1.13) liefert

$$I_{eff}^2 \cdot R = \frac{i_s^2 \cdot R}{2} \qquad (14.1.17)$$

oder
$$I_{eff} = \frac{i_s}{\sqrt{2}} \qquad (14.1.18)$$

Vergleich mit (14.1.16) und (14.1.14) liefert

$$\frac{U_{eff}^2}{R} = \frac{u_s^2}{2 \cdot R} \qquad (14.1.19)$$

oder
$$U_{eff} = \frac{u_s}{\sqrt{2}} \qquad (14.1.20)$$

Mit diesen Effektivwerten für Strom und Spannung gilt somit das Leistungsgesetz für ohmsche Widerstände:

$$P_{eff} = U_{eff} \cdot I_{eff} \qquad (14.1.21)$$

In diesem Sonderfall herrscht Phasengleichheit zwischen Strom und Spannung.

14.2
Leistung und Energie an L

Fließt durch eine Induktivität L der Wechselstrom
$$i(t) = i_s \cdot \sin(\omega t) \qquad (14.2.1)$$
so ergibt sich die Spannung
$$u(t) = L \cdot \frac{di}{dt} \qquad (14.2.2)$$

oder
$$u(t) = L \cdot i_s \cdot \omega \cdot \cos(\omega t) \qquad (14.2.3)$$

mit
$$p(t) = u(t) \cdot i(t) \qquad (14.2.4)$$

folgt weiter
$$p(t) = \omega \cdot L \cdot i_s^2 \cdot \sin(\omega t) \cdot \cos(\omega t) \qquad (14.2.5)$$

oder
$$p(t) = \omega \cdot L \cdot i_s^2 \cdot \sin(\omega t) \cdot \sin(\omega t + \frac{\pi}{2}) \qquad (14.2.6)$$

Einschub: Produkttheorem
$$\sin \alpha \cdot \sin \beta = \frac{1}{2}(\cos(\alpha - \beta) - \cos(\alpha + \beta)) \qquad (14.2.7)$$
angewandt auf (14.2.6)
$$p(t) = \omega \cdot L \cdot \frac{i_s^2}{2} \cdot (\underbrace{\cos \frac{\pi}{2}}_{0} - \underbrace{\cos(2 \omega t + \frac{\pi}{2})}_{-\sin 2\omega t}) \qquad (14.2.8)$$

$$p(t) = \omega \cdot L \cdot \frac{i_s^2}{2} \cdot \sin(2 \omega t) \qquad (14.2.9)$$

Mit den in Kapitel 14.1 eingeführten Effektivwerten (14.1.18)
$$I_{eff} = \frac{i_s}{\sqrt{2}} = I \qquad (14.2.10)$$
folgt
$$p(t) = \omega \cdot L \cdot I^2 \cdot \sin(2 \omega t) \qquad (14.2.11)$$

„Schwingende Leistung": Die Induktivität nimmt während einer Periode Leistung auf und gibt sie wieder ab. Es folgt der Effektivwert der Leistung an L:
$$P_{Leff} = \frac{1}{T} \int_{t=0}^{T} \omega \cdot L \cdot I^2 \cdot \sin(2 \omega t) \, dt = 0 \qquad (14.2.12)$$

Das Integral einer Sinusfunktion über ganzzahlige Vielfache der Periodendauer ist immer Null. Eine Induktivität nimmt keine Wirkleistung auf.

14.3 Leistung und Energie an C

Liegt an einer Kapazität C die Wechselspannung

$$u(t) = u_s \cdot \sin(\omega t) \qquad (14.3.1)$$

so ergibt sich der Strom

$$i(t) = C \cdot \frac{du}{dt} \qquad (14.3.2)$$

oder

$$i(t) = C \cdot u_s \cdot \omega \cdot \cos(\omega t) \qquad (14.3.3)$$

mit

$$p(t) = u(t) \cdot i(t) \qquad (14.3.4)$$

folgt weiter

$$p(t) = \omega \cdot C \cdot u_s^2 \cdot \sin(\omega t) \cdot \cos(\omega t) \qquad (14.3.5)$$

oder

$$p(t) = \omega \cdot C \cdot u_s^2 \cdot \sin(\omega t) \cdot \sin(\omega t + \frac{\pi}{2}) \qquad (14.3.6)$$

Einschub: Produkttheorem

$$\sin \alpha \cdot \sin \beta = \frac{1}{2}(\cos(\alpha - \beta) - \cos(\alpha + \beta)) \qquad (14.3.7)$$

angewandt auf (14.3.6)

$$p(t) = \omega \cdot C \cdot \frac{u_s^2}{2} \cdot (\underbrace{\cos \frac{\pi}{2}}_{0} - \underbrace{\cos(2 \omega t + \frac{\pi}{2})}_{-\sin 2\omega t}) \qquad (14.3.8)$$

$$p(t) = \omega \cdot C \cdot \frac{u_s^2}{2} \cdot \sin(2 \omega t) \qquad (14.3.9)$$

Mit den in Kapitel 14.1 eingeführten Effektivwerten (14.1.20)

$$U_{eff} = \frac{u_s}{\sqrt{2}} = U \qquad (14.3.10)$$

folgt

$$p(t) = \omega \cdot C \cdot U^2 \cdot \sin(2 \omega t) \qquad (14.3.11)$$

„Schwingende Leistung": Die Kapazität nimmt während einer Periode Leistung auf und gibt sie wieder ab. Es folgt der Effektivwert der Leistung an C:

$$P_{Ceff} = \frac{1}{T} \int_{t=0}^{T} \omega \cdot C \cdot U^2 \cdot \sin(2 \omega t) \, dt = 0 \qquad (14.3.12)$$

Das Integral einer Sinusfunktion über ganzzahlige Vielfache der Periodendauer ist immer Null. Eine Kapazität nimmt keine Wirkleistung auf.

15 Zweipol mit Phasenverschiebung

15.1 Leistung und Energie

Zur Unterscheidung der unterschiedlichen Darstellungen der Netzwerkzustände werden folgende Vereinbarungen zur Schreibweise der Formel-Parameter getroffen:

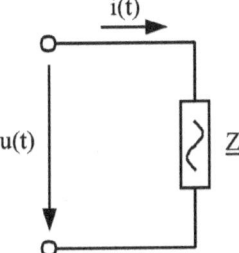

Abb. 15.1.1. Zeitlich variierende Strom- und Spannungsverhältnisse.

P = Effektivwert der Leistung / Wirkleistung
U = Effektivwert der Spannung / Effektivspannung
I = Effektivwert des Stromes / Effektivstrom

$\left.\begin{array}{l} p(t) \\ u(t) \\ i(t) \end{array}\right\}$ = zeitlich variierende Größen

Liegt an einem allgemeinen Zweipol $\underline{Z}$ die Wechselspannung

$$u(t) = U \cdot \sqrt{2} \cdot \sin(\omega t + \varphi_u) \qquad (15.1.1)$$

so ergibt sich der Strom

$$i(t) = I \cdot \sqrt{2} \cdot \sin(\omega t + \varphi_i) \qquad (15.1.2)$$

Es folgt die Leistungsaufnahme zum Zeitpunkt t

$$p(t) = U \cdot I \cdot 2 \cdot \sin(\omega t + \varphi_i) \cdot \sin(\omega t + \varphi_u) \qquad (15.1.3)$$

Einschub: Produkttheorem

$$\sin \alpha \cdot \sin \beta = \frac{1}{2}(\cos(\alpha - \beta) - \cos(\alpha + \beta)) \qquad (15.1.4)$$

angewandt auf (15.1.3)

$$p(t) = U \cdot I \cdot (\cos(\varphi_u - \varphi_i) - \cos(2\omega t + \varphi_u + \varphi_i)) \qquad (15.1.5)$$

Mit der Definition der Wirkleistung (14.6)

$$P = \frac{1}{T} \int_{t=0}^{T} p(t)\,dt \qquad (15.1.6)$$

folgt mit (15.1.5)

$$P = U \cdot I \cdot \frac{1}{T} \int_{t=0}^{T} (\underbrace{\cos(\varphi_u - \varphi_i)}_{const} - \underbrace{\cos(2\omega t + \varphi_u + \varphi_i)}_{Integration\ ergibt\ 0})\,dt \qquad (15.1.7)$$

$$P = U \cdot I \cdot \cos(\varphi_u - \varphi_i) \frac{1}{T} \cdot [T - 0] \qquad (15.1.8)$$

oder mit $\qquad \varphi = \varphi_u - \varphi_i \qquad (15.1.9)$

$$P = U \cdot I \cdot \cos(\varphi) \qquad (15.1.10)$$

φ bezeichnet die Differenz der Nullphasenwinkel.

Begriffe:

$P = U \cdot I \cdot \cos(\varphi)$ = Wirkleistung

$S = U \cdot I$ = Scheinleistung

$\cos(\varphi)$ = Leistungsfaktor

15.2
Komplexe Leistung

Wird formal die komplexe Spannung
$$\underline{U} = U \cdot e^{j\varphi_u}$$ (15.2.1)
mit dem komplexen Strom
$$\underline{I} = I \cdot e^{j\varphi_i}$$ (15.2.2)
multipliziert, so ergibt sich ein komplexer Leistungszeiger mit dem Betrag der Scheinleistung und dem Phasenwinkel $\varphi_u + \varphi_i$.
Das Ergebnis lässt sich physikalisch nicht interpretieren und ist daher wertlos!
Gesucht wird stattdessen ein komplexer Leistungs-Zeiger mit dem Betrag der Scheinleistung und der Winkeldifferenz $\varphi_u - \varphi_i$.
Dies lässt sich formal dadurch erreichen, dass bei der Multiplikation der Werte U und I statt dem komplexen Strom $\underline{I}$ dessen konjugiert-komplexer Wert $\overline{\underline{I}}$ verwandt wird, z.B. statt $\underline{I} = I \cdot e^{j\varphi_i}$ wird $\overline{\underline{I}} = I \cdot e^{-j\varphi_i}$ verwandt.

Es ergibt sich die komplexe Leistung
$$\underline{S} = \underline{U} \cdot \overline{\underline{I}}$$ (15.2.3)
oder
$$\underline{S} = U \cdot e^{j\varphi_u} \cdot I \cdot e^{-j\varphi_i}$$ (15.2.4)
$$\underline{S} = U \cdot I \cdot e^{j\varphi_u - j\varphi_i}$$ (15.2.5)

Kurzform: φ bezeichnet die Differenz der Nullphasenwinkel.
$$\underline{S} = U \cdot I \cdot e^{j\varphi}$$ (15.2.6)

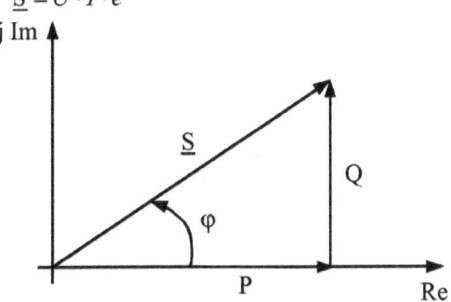

Abb. 15.2.1. Geometrische Interpretation.

$\underline{S} = P + jQ$ = Komplexe Leistung
$S = |\underline{S}|$ = Scheinleistung
$P = U \cdot I \cdot \cos(\varphi)$ = Wirkleistung
$Q = U \cdot I \cdot \sin(\varphi)$ = Blindleistung

Die Blindleistung lässt sich als schwingende Leistung interpretieren. Sie wird von keinem Verbraucher genutzt, belastet aber das Netz.
Q>0 → φ>0 → induktive Blindleistung.
Q<0 → φ<0 → kapazitive Blindleistung.

15.3
Fallbeispiel zur Leistungsberechnung

In linearen Netzwerken kann Wirkleistung nur von den ohmschen Widerständen im Netz aufgenommen werden. Somit ist der Wirkleistungsanteil der komplexen Eingangsleistung eines R-L-C-Netzwerkes gleich der Summe der einzelnen ohmschen Leistungen im Netz. Dies soll anhand des folgenden einfachen Netzwerkes mit einem ohmschen Widerstand verifiziert werden.

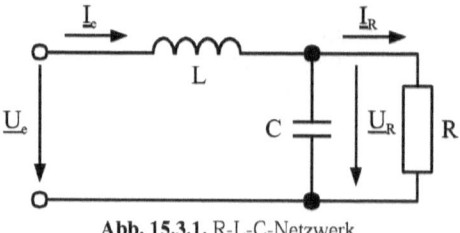

Abb. 15.3.1. R-L-C-Netzwerk.

a) Berechnen Sie den Eingangsstrom $\underline{I}_e$
b) Berechnen Sie die komplexe Leistungsaufnahme des Netzwerkes.
c) Berechnen Sie die Leistungsaufnahme des ohmschen Widerstandes.

Vorgaben

$L := 4.7\text{mH}$ $\quad C := 33\mu F$ $\quad R := 5.6\text{k}\Omega$ $\quad$ (15.3.1)

Netzspannung $\quad \underline{U}_e := 230\text{V}$ $\quad$ (15.3.2)

Netz-Kreisfrequenz $\quad \omega := 2\cdot\pi\cdot 50\text{Hz}$ $\quad$ (15.3.3)

Resultierende Impedanzen

$\underline{Z}_1 := j\cdot\omega\cdot L$ $\quad \underline{Z}_2 := \dfrac{1}{j\cdot\omega\cdot C}$ $\quad \underline{Z}_3 := R$ $\quad$ (15.3.4)

Parallelschaltung $\quad \text{II}(\underline{Z}_1,\underline{Z}_2) := \dfrac{\underline{Z}_1\cdot\underline{Z}_2}{\underline{Z}_1 + \underline{Z}_2}$ $\quad$ (15.3.5)

Lösung zu a). Eingangsstrom.
Die Berechnung der Eingangsimpedanz wird hier unter Anwendung der Mathcad-Funktion „Parallelschaltung" durchgeführt. Eine ausführliche Berechnung dieser Eingangsimpedanz befindet sich in Fallbeispiel 13.5.1.

Eingangsimpedanz $\quad \underline{Z}_e := \underline{Z}_1 + \underline{Z}_2 \text{ II } \underline{Z}_3$ $\quad$ (15.3.6)

$\underline{Z}_e = 1.661 - 94.952\text{j}\Omega$ $\quad$ (15.3.7)

Eingangsstrom $\quad \underline{I}_e := \dfrac{\underline{U}_e}{\underline{Z}_e}$ (15.3.8)

$\underline{I}_e = 0.042 + 2.422\text{j A}$ (15.3.9)

Effektivwert $\quad I_e := |\underline{I}_e|$ (15.3.10)

oder $\quad I_e = 2.422 \text{A}$ (15.3.11)

Lösung zu b). Komplexe Leistungsaufnahme des Netzwerkes.

$$\underline{S}_e := \underline{U}_e \cdot \overline{\underline{I}_e} \quad (15.3.12)$$

Komplexe Leistung

$$\underline{S}_e = 9.742 - 556.951\text{j W} \quad (15.3.13)$$

Scheinleistung

$$|\underline{S}_e| = 557.036 \text{W} \quad (15.3.14)$$

Wirkleistung

$$P := \text{Re}(\underline{S}_e) \quad (15.3.15)$$

$$P = 9.742 \text{W} \quad (15.3.16)$$

Blindleistung

$$Q := \text{Im}(\underline{S}_e) \quad (15.3.17)$$

$$Q = -556.951 \text{W} \quad (15.3.18)$$

Lösung zu c). Leistungsaufnahme des ohmschen Widerstandes.
Mit der Spannungsteiler-Formel folgt die Spannung am ohmschen Widerstand R:

$$\underline{U}_R := \underline{U}_e \cdot \dfrac{\underline{Z}_2 \,\text{II}\, R}{\underline{Z}_1 + \underline{Z}_2 \,\text{II}\, R} \quad (15.3.19)$$

Komplexe Spannung an R

$$\underline{U}_R = 233.576 - 0.063\text{j V} \quad (15.3.20)$$

15 Zweipol mit Phasenverschiebung

Effektivwert

$$U_R := |\underline{U_R}| \qquad (15.3.21)$$

oder

$$U_R = 233.576V \qquad (15.3.22)$$

Leistungsaufnahme von R

$$P_R := \frac{U_R^2}{R} \qquad (15.3.23)$$

Wirkleistung

$$P_R = 9.742W \qquad (15.3.24)$$

Die vom ohmschen Widerstand aufgenommene Leistung entspricht dem Realteil der komplexen Eingangsleistung, wie zu erwarten war.

Auf ein Kuriosum soll noch hingewiesen werden: Die Ausgangsspannung $U_R = 233.576V$ des Spannungsteilers ist größer als die Eingangsspannung $\underline{U_e} := 230V$! Eine „Spannungsteilung" im konventionellen Sinn hat hier nicht stattgefunden, eher das Gegenteil! Offensichtlich können auch in einem trafolosen Netzwerk höhere Betriebsspannungen als die Netzspannung auftreten. Dies ist häufig der Fall, wenn in einem Netzwerk L und C gemeinsam vorhanden sind. Dies ist auch bei der Berücksichtigung der notwendigen Spannungsfestigkeit von Spulen und Kondensatoren bei der Dimensionierung von elektrischen Schaltkreisen zu beachten. Welche gefährliche Spannungszustände auch in trafolosen L-C-Netzwerken auftreten können wird in Kapitel 17. Schwingkreis und Resonanz nocheinmal ausführlicher behandelt.

16 Frequenzabhängigkeiten bei RL/RC-Zweipolen

16.1 Ortskurven

Bisher wurden in der komplexen Ebene mehrere sinusförmige Funktionen als Zeiger, alle mit der gleichen Frequenz (ω) dargestellt.
Eine Ortskurve ist die Darstellung der Eigenschaft eines Zeigers in Abhängigkeit eines veränderlichen Parameters, z.b.

- Impedanz $\underline{Z}(\omega)$
- Admittanz $\underline{Y}(\omega)$
- Strom $\underline{I}(C)$
- Spannung $\underline{U}(L)$
- Übertragungsfunktion $F(\omega)$

Die Pfeilspitzen des Zeigers, z.B. $\underline{Z}(\omega)$ liegen auf der Ortskurve, der Pfeilursprung liegt im Ursprung der komplexen Ebene $(0, j0)$.

Fallbeispiel 16.1.1. Ortskurven R-L-Reihenschaltung.
Die Abhängigkeiten der Impedanz und Admittanz von der Frequenz ω der folgenden Reihenschaltung sollen als Ortskurven dargestellt werden.

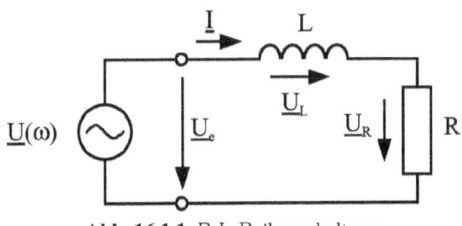

Abb. 16.1.1. R-L-Reihenschaltung.

a) Ortskurve der Impedanz(ω) der R-L-Reihenschaltung.
Die Impedanz der Schaltung in Abb. 16.1.1 in Abhängigkeit von der Frequenz beträgt

$$\underline{Z}(\omega) = R + j\omega L \qquad (16.1.1)$$

Definition Grenzfrequenz. Bei der Grenzfrequenz ω_g gilt:

$$\text{Re}(\underline{Z}(\omega_g)) = \text{Im}(\underline{Z}(\omega_g)) \qquad (16.1.2)$$

$$R = \omega_g \cdot L \qquad (16.1.3)$$

oder
$$\omega_g = \frac{R}{L} \qquad (16.1.4)$$

Zur einheitenlosen Darstellung der Frequenz: Normierung auf Grenzfrequenz.

$$x = \frac{\omega}{\omega_g} = \frac{f}{f_g} \qquad (16.1.5)$$

Anmerkung: In der Fachliteratur wird als Normierungsgröße häufig statt x das griechische Ω verwandt. Um Verwechslung mit der Einheit Ohm zu vermeiden (auch Formelbuchstabe Ω) wurde hier x gewählt.

$$\omega = x \cdot \omega_g \qquad (16.1.6)$$

(16.1.6) mit (16.1.4) in (16.1.1)

$$\underline{Z}(x) = R + j \cdot x \cdot \frac{R}{L} L \qquad (16.1.7)$$

oder
$$\underline{Z}(x) = R \cdot (1 + j \cdot x) \qquad (16.1.8)$$

Zur einheitenlosen Darstellung der Impedanz: Normierung auf R:

$$\frac{\underline{Z}(x)}{R} = 1 + j \cdot x \qquad (16.1.9)$$

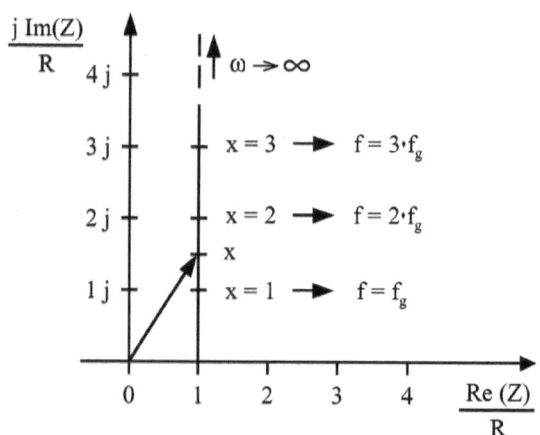

Abb. 16.1.2. Impedanz-Ortskurve der R-L-Reihenschaltung.

b) Ortskurve der Admittanz(ω) der R-L-Reihenschaltung.
Die Admittanz der Schaltung in Abb. 16.1.1 in Abhängigkeit von der Frequenz beträgt

$$\underline{Y}(\omega) = \frac{1}{\underline{Z}(\omega)} \tag{16.1.10}$$

in normierter Darstellung

$$\underline{Y}(x) = \frac{1}{\underline{Z}(x)} \tag{16.1.11}$$

mit $\quad \underline{Z}(x) = R \cdot (1 + j \cdot x) = \frac{1}{G} \cdot (1 + j \cdot x) \tag{16.1.12}$

folgt $\quad \underline{Y}(x) = G \cdot \frac{1}{1 + jx} \tag{16.1.13}$

Trennung Realteil-Imaginärteil:

$$\frac{\underline{Y}(x)}{G} = \frac{1 \cdot (1 - jx)}{(1 + jx) \cdot (1 - jx)} \tag{16.1.14}$$

oder $\quad \dfrac{\underline{Y}(x)}{G} = \dfrac{1}{1 + x^2} - j \dfrac{x}{1 + x^2} \tag{16.1.15}$

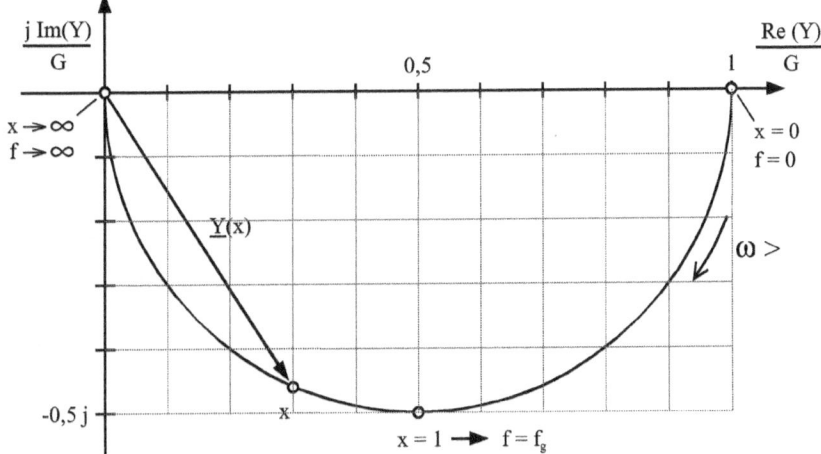

Abb. 16.1.3. Admittanz-Ortskurve der R-L-Reihenschaltung.

Anmerkung: Die Umkehrfunktion einer unendlichen Geraden im Komplexen ergibt einen Kreis.

16.2
Frequenzgang

Der Frequenzgang beschreibt die Frequenzabhängigkeit einer komplexen Größe nach Betrag und Phasenwinkel in Abhängigkeit von der Frequenz f (bzw. ω).

Fallbeispiel 16.2.1. Frequenzgang R-L-Reihenschaltung.
Der Frequenzgang der Impedanz der folgenden R-L-Reihenschaltung soll dargestellt werden.

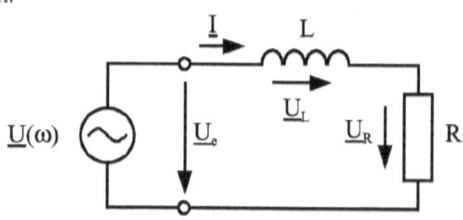

Abb. 16.2.1. R-L-Zweipol.

Die Impedanz der Schaltung in Abb. 16.2.1 in Abhängigkeit von der Frequenz beträgt

Impedanz $\quad \underline{Z}(\omega) = R + j\omega L \quad$ (16.2.1)

Betrag $\quad Z(\omega) = |\underline{Z}(\omega)| \quad$ (16.2.2)

oder $\quad Z(\omega) = \sqrt{R^2 + \omega^2 L^2} \quad$ (16.2.3)

Phasenwinkel $\quad \varphi(\omega) = \arctan \dfrac{\mathrm{Im}(\underline{Z})}{\mathrm{Re}(\underline{Z})} \quad$ (16.2.4)

oder $\quad \varphi(\omega) = \arctan \dfrac{\omega L}{R} \quad$ (16.2.5)

Zur einheitenlosen Darstellung der Frequenz: Normierung auf Grenzfrequenz.

$$x = \frac{\omega}{\omega_g} = \frac{f}{f_g} \quad (16.2.6)$$

oder $\quad \omega = x \cdot \omega_g \quad$ (16.2.7)

Es gilt die gleiche Grenzfrequenz wie in Kapitel 16.1. Somit folgt mit

$$\omega_g = \frac{R}{L} \quad (16.2.8)$$

16.2 Frequenzgang

Kreisfrequenz in normierter Darstellung:

$$\omega = x \cdot \frac{R}{L} \quad (16.2.9)$$

Betrag und Phasenwinkel der Impedanz in normierter Darstellung:

Betrag
$$Z(x) = \sqrt{R^2 + x^2 \cdot \frac{R^2}{L^2} L^2} \quad (16.2.10)$$

$$Z(x) = R \cdot \sqrt{1 + x^2} \quad (16.2.11)$$

Phasenwinkel
$$\varphi(x) = \arctan \frac{x \cdot \frac{R}{L} L}{R} \quad (16.2.12)$$

$$\varphi(x) = \arctan(x) \quad (16.2.13)$$

Grenzwerte:

Gleichstrom $\quad Z(0) = R \qquad \varphi(0) = 0 \quad (16.2.14)$

Grenzfrequenz $\quad Z(1) = R \cdot \sqrt{2} \qquad \varphi(1) = \frac{\pi}{4} = 45° \quad (16.2.15)$

Der Betrag der Impedanz nähert sich bei hohen Frequenzen der schiefen Asymptote

$$Z_\Omega(x) = R \cdot x \qquad \varphi(x \to \infty) = \frac{\pi}{2} = 90° \quad (16.2.16)$$

Der Phasenwinkel nähert sich bei hohen Frequenzen 90°: induktives Verhalten.

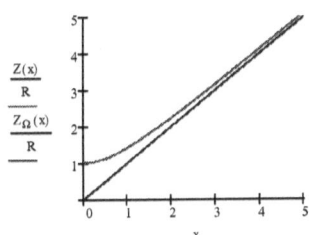

Abb. 16.2.2. Betrag.

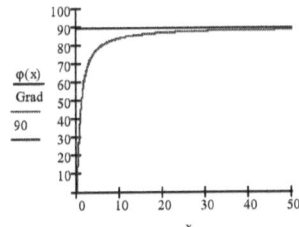

Abb. 16.2.3. Phasenwinkel.

17 Schwingkreis und Resonanz

Physikalische Schwingungen treten auf, wenn zwei komplementäre Energiespeicher ihre Energie austauschen können.

Beispiel: Schwingendes Pendel.

Die schwingende Masse wandelt kontinuierlich die beiden Energieformen

$$\text{potentielle Energie} \longleftrightarrow \text{kinetische Energie.}$$

Eine harmonische Schwingung lässt sich mathematisch durch Sinus-Funktionen ausdrücken.

Elektrische Schwingungen treten auf wenn die beiden Energie-Speicher

$$\text{Kondensator} \longleftrightarrow \text{Spule}$$

mit ihren Energiefeldern

$$\text{Elektrisches Feld} \longleftrightarrow \text{Magnetisches Feld}$$

in Wechselwirkung treten.

Schwingkreise und Resonanzerscheinungen können auftreten als

- Reihenresonanz.
- Parallelresonanz.

17.1
Reihenresonanz

Die Eingangs-Impedanz der folgenden R-L-C-Reihenschaltung soll untersucht werden.

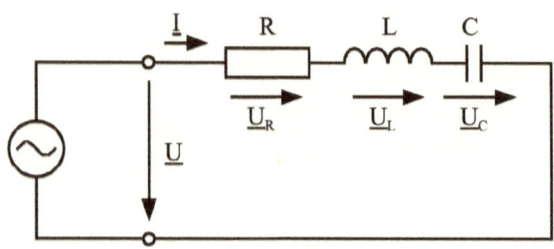

Abb. 17.1.1. R-L-C-Reihenschaltung.

Eingangs-Impedanz:

$$\underline{Z} = R + j\omega L + \frac{1}{j\omega C} \qquad (17.1.1)$$

oder

$$\underline{Z} = R + j\,(\omega L - \frac{1}{\omega C}) \qquad (17.1.2)$$

Resonanz tritt ein, wenn der Imaginärteil zu Null wird.

Resonanzfrequenz ω_0:

$$\omega_0 L - \frac{1}{\omega_0 C} = 0 \qquad (17.1.3)$$

$$\omega_0^2 \cdot L \cdot C = 0 \qquad (17.1.4)$$

$$\omega_0 = \frac{1}{\sqrt{L \cdot C}} \qquad (17.1.5)$$

oder

$$f_0 = \frac{1}{2 \cdot \pi \cdot \sqrt{L \cdot C}} \qquad (17.1.6)$$

Thomsonsche[3] Schwingungsformel (1853).

---

[3] Sir William Thomson, Lord Kelvin of Largs (1824-1907), nicht verwechseln mit Sir Joseph John Thomson (1856-1940), dem Entdecker des Elektrons.

17.1 Reihenresonanz

Neben der Resonanzfrequenz gibt es weitere charakteristische Frequenzen, die zusätzlich vom Widerstand R abhängen. Für die Grenzfrequenz ω_g gilt folgende Bedingung:

$$|\operatorname{Im}(\underline{Z}(\omega_g))| = |\operatorname{Re}(\underline{Z}(\omega_g))| \qquad (17.1.7)$$

Es existieren zwei Lösungen.
Obere Grenzfrequenz:

$$\omega_{go} L - \frac{1}{\omega_{go} C} = R \qquad (17.1.8)$$

$$\omega_{go}^2 - \frac{R}{L}\omega_{go} - \frac{1}{L \cdot C} = 0 \qquad (17.1.9)$$

Physikalisch sinnvolle Lösung: $\omega_{go} > 0$

$$\omega_{go} = \frac{R}{2L} + \sqrt{\frac{R^2}{4L^2} + \frac{1}{LC}} \qquad (17.1.10)$$

Untere Grenzfrequenz:

$$-(\omega_{gu} L - \frac{1}{\omega_{gu} C}) = R \qquad (17.1.11)$$

$$\omega_{gu}^2 + \frac{R}{L}\omega_{gu} - \frac{1}{L \cdot C} = 0 \qquad (17.1.12)$$

Physikalisch sinnvolle Lösung: $\omega_{gu} > 0$

$$\omega_{gu} = -\frac{R}{2L} + \sqrt{\frac{R^2}{4L^2} + \frac{1}{LC}} \qquad (17.1.13)$$

Hinweis: Die Differenz $\omega_{go} - \omega_{gu}$ beschreibt die Resonanzbreite des Schwingkreises. Andere Bezeichnung: Bandbreite.

17 Schwingkreis und Resonanz

Im Folgenden soll die Stromstärke in Abhängigkeit von der Frequenz dargestellt werden.

$$I = \frac{U}{Z} \tag{17.1.14}$$

Mit $Z = |\underline{Z}|$ und (17.1.2) folgt

$$I(\omega) = \frac{U}{\sqrt{R^2 + (\omega L - \frac{1}{\omega C})^2}} \tag{17.1.15}$$

Sonderfälle:

Resonanz: $\omega = \omega_0$ $I(\omega_0) = \frac{U}{\sqrt{R^2 + 0}} = \frac{U}{R}$ (17.1.16)

Grenzfrequenzen: $\omega = \omega_g$ $I(\omega_g) = \frac{U}{\sqrt{R^2 + R^2}} = \frac{U}{R} \cdot \frac{1}{\sqrt{2}}$ (17.1.17)

Gleichstromfall $\omega = 0$ $I(0) = 0$ (17.1.18)

Hochfrequenz: $\omega \gg \omega_g$ $I(\omega \to \infty) = 0$ (17.1.19)

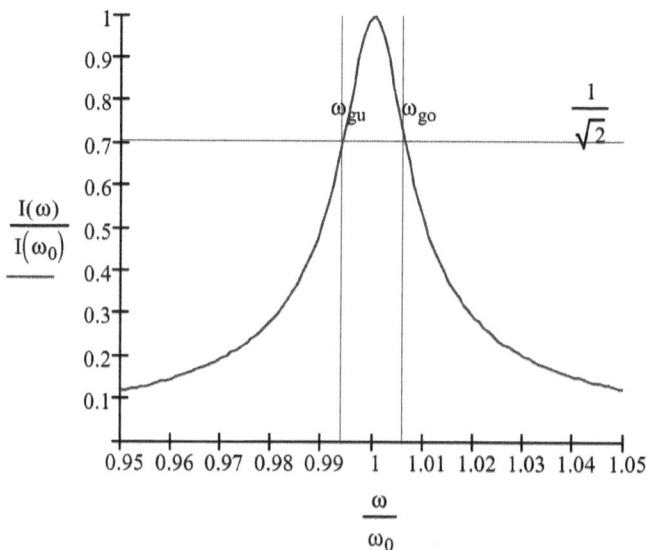

Abb. 17.1.2. Stromaufnahme bei Reihenresonanz.

Der maximale Strom wird bei Reihenresonanz nur von R begrenzt.

Fallbeispiel 17.1.1. Reihenresonanzkreis.
Eine Reihenschaltung, bestehend aus R, L und C wird an eine frequenzvariable Spannungsquelle U angeschlossen.

a) Bei welcher Frequenz f_0 tritt Resonanz auf?
b) Welcher Strom fließt bei Resonanz?
c) Welche Spannungen treten an R, L und C auf?
d) Welche Strom/Spannungsverhältnisse treten bei 50Hz auf?

Vorgaben

$R := 12\Omega$ $\qquad$ $L := 1H$ $\qquad$ $C := 1\mu F$ $\qquad$ (17.1.20)

Betriebsspannung $\qquad$ $U := 12V$ $\qquad$ (17.1.21)

Lösung zu a). Resonanzfrequenz.
Die Resonanzfrequenz folgt aus der Thomsonschen Schwingungsgleichung.

Resonanz-Kreisfrequenz $\qquad$ $\omega_0 := \dfrac{1}{\sqrt{L \cdot C}}$ $\qquad$ (17.1.22)

$\omega_0 = 1000 Hz$ $\qquad$ (17.1.23)

Resonanzfrequenz $\qquad$ $f_0 := \dfrac{1}{2 \cdot \pi \cdot \sqrt{L \cdot C}}$ $\qquad$ (17.1.24)

$f_0 = 159.155 Hz$ $\qquad$ (17.1.25)

Lösung zu b). Strom bei Resonanz.
Der Strom folgt aus der Reihenschaltung mit (17.1.15).

Frequenzabhängiger Strom $\qquad$ $I(\omega) := \dfrac{U}{\sqrt{R^2 + \left(\omega \cdot L - \dfrac{1}{\omega \cdot C}\right)^2}}$ $\qquad$ (17.1.26)

Strom bei Resonanzfrequenz:

$I(\omega_0) = 1 A$ $\qquad$ (17.1.27)

Der maximale Strom wird bei Serien-Resonanz nur durch R begrenzt.

Lösung zu c). Spannungen bei Resonanz.
Die Spannung folgt aus dem ohmschen Gesetz für jede der drei Impedanzen:
Spannung an R

$$\underline{U_R} := I(\omega_0) \cdot R \qquad \underline{U_R} = 12\,V \qquad (17.1.28)$$

Spannung an L

$$\underline{U_L} := I(\omega_0) \cdot j \cdot \omega_0 \cdot L \qquad |\underline{U_L}| = 1000\,V \qquad (17.1.29)$$

Spannung an C

$$\underline{U_C} := I(\omega_0) \cdot \frac{1}{j \cdot \omega_0 \cdot C} \qquad |\underline{U_C}| = 1000\,V \qquad (17.1.30)$$

Bei Serien-Resonanz können gefährlich hohe Spannungen auftreten. Dies muss bei der Spannungsfestigkeit der Kondensatoren berückschtigt werden.

Lösung zu d). Strom/Spannungsverhältnisse bei 50 Hz.
Die Spannung folgt aus dem ohmschen Gesetz für jede der drei Impedanzen:
Strom bei 50 Hz

$$\omega_N := 2 \cdot \pi \cdot 50\,Hz \quad I_N := I(\omega_N) \qquad I_N = 4.183\,mA \qquad (17.1.31)$$

Spannung an R

$$\underline{U_{RN}} := I_N \cdot R \qquad \underline{U_{RN}} = 0.05\,V \qquad (17.1.32)$$

Spannung an L

$$\underline{U_{LN}} := I(\omega_N) \cdot j \cdot \omega_N \cdot L \qquad |\underline{U_{LN}}| = 1.314\,V \qquad (17.1.33)$$

Spannung an C

$$\underline{U_{CN}} := I(\omega_N) \cdot \frac{1}{j \cdot \omega_N \cdot C} \qquad |\underline{U_{CN}}| = 13.314\,V \qquad (17.1.34)$$

Spannungsüberhöhungen treten schon in der Nähe der Resonanzfrequenz auf.

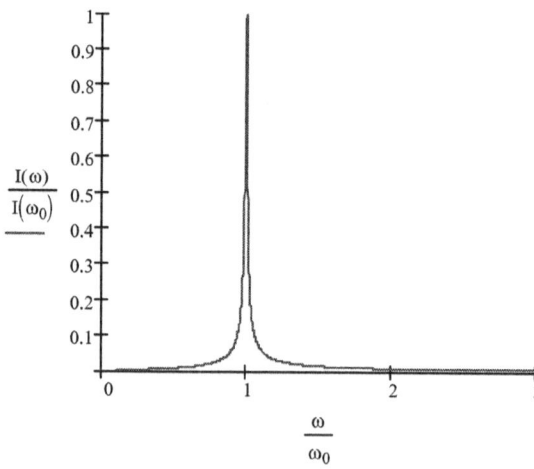

Abb. 17.1.3. Frequenzabhängigkeit der Stromaufnahme.

17.2 Parallelresonanz

Die Eingangs-Admittanz der folgenden R-L-C-Parallelschaltung soll untersucht werden.

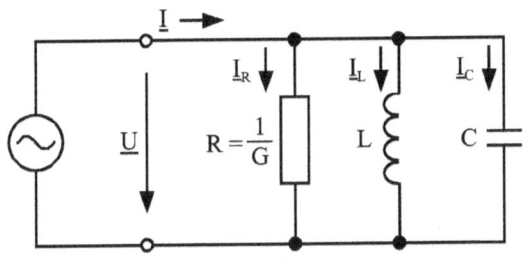

Abb. 17.2.1. R-L-C-Parallelschaltung.

Eingangs-Admittanz:

$$\underline{Y} = G + j\omega C + \frac{1}{j\omega L} \qquad (17.2.1)$$

oder

$$\underline{Y} = G + j(\omega C - \frac{1}{\omega L}) \qquad (17.2.2)$$

Resonanz tritt ein, wenn der Imaginärteil zu Null wird.

Resonanzfrequenz ω_0:

$$\omega_0 C - \frac{1}{\omega_0 L} = 0 \qquad (17.2.3)$$

$$\omega_0^2 \cdot L \cdot C = 0 \qquad (17.2.4)$$

$$\omega_0 = \frac{1}{\sqrt{L \cdot C}} \qquad (17.2.5)$$

oder

$$f_0 = \frac{1}{2 \cdot \pi \cdot \sqrt{L \cdot C}} \qquad (17.2.6)$$

Die Thomsonsche Schwingungsformel gilt auch für den Parallel-Schwingkreis, ebenso die Grenzfrequenzen.

17 Schwingkreis und Resonanz

Im Folgenden soll die Impedanz in Abhängigkeit von der Frequenz dargestellt werden.

$$\underline{Z} = \frac{1}{\underline{Y}} \tag{17.2.7}$$

Mit $Z = |\underline{Z}|$ und (17.2.2) folgt

$$Z = \frac{1}{\sqrt{\frac{1}{R^2} + (\omega C - \frac{1}{\omega L})^2}} \tag{17.2.8}$$

Sonderfälle:

Resonanz: $\omega = \omega_0$

$$Z(\omega_0) = \frac{1}{\sqrt{\frac{1}{R^2} + 0}} = R \tag{17.2.9}$$

Grenzfrequenzen: $\omega = \omega_g$

$$Z(\omega_g) = \frac{1}{\sqrt{\frac{1}{R^2} + \frac{1}{R^2}}} = R \cdot \frac{1}{\sqrt{2}} \tag{17.2.10}$$

Gleichstromfall $\omega = 0$ $\qquad Z(0) = 0 \tag{17.2.11}$

Hochfrequenz: $\omega \gg \omega_g$ $\qquad Z(\omega \to \infty) = 0 \tag{17.2.12}$

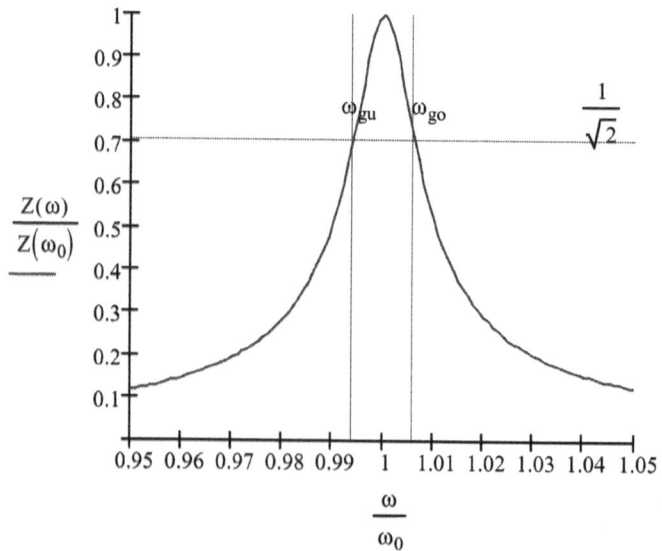

Abb. 17.2.2. Impedanz bei Parallelresonanz.
Die maximale Impedanz wird bei Parallelresonanz nur von R begrenzt.

17.2 Parallelresonanz

Fallbeispiel 17.2.1. Frequenzselektiver Spannungsteiler.
Ein Spannungsteiler, bestehend aus $\underline{Z}_1=R_1$ und einem Parallelschwingkreis mit der Impedanz $\underline{Z}_2=(R_2//C//L)$ wird an eine Netzleitung mit $U_N=230V/50Hz$ angeschlossen.
Ein hochfrequentes Steuersignal $U_{HF}=5$ V/10 kHz wird dem Netz überlagert. Der Spannungsteiler soll das Signal selektiv erkennen und als Schaltsignal zur Verfügung stellen. Ein Komparator detektiert Spannungen >2V
Anforderungen: Spannungsteiler-Ausgang ohne Steuersignal: <1V
Spannungsteiler-Ausgang mit Steuersignal: >2V

a) Zeichnen Sie ein Schaltbild der Anordnung.
b) Dimensionieren Sie R_1 so, dass eine Strombegrenzung $I_{max}=10mA$ für alle Frequenzen gewährleistet ist.
c) Dimensionieren Sie R_2 so, dass bei Resonanz die halbe Steuerspannung an R_2 auftritt.
d) Es steht eine Spule mit L=8,2 µH zur Verfügung. Welche Kapazität C wird benötigt?
e) Welche Spannung U_2 tritt auf bei Netzfrequenz, ohne und mit Steuersignal?

Vorgaben

Netzspannung	$U_N := 230V$	(17.2.13)
	$\omega_N := 2\cdot\pi\cdot 50Hz$	(17.2.14)
Steuerspannung	$U_{HF} := 5V$	(17.2.15)
	$\omega_{HF} := 2\cdot\pi\cdot 10kHz$	(17.2.16)

Lösung zu a). Schaltbild.

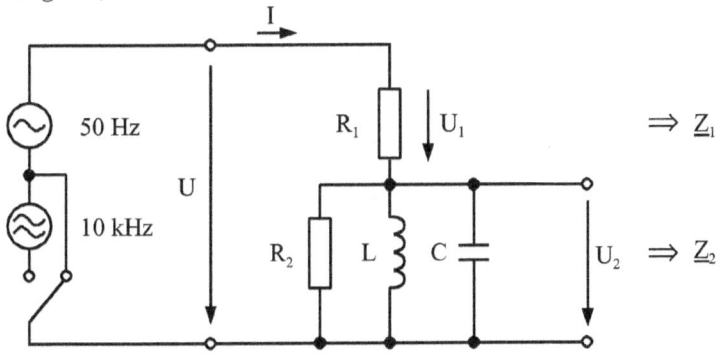

Abb. 17.2.3. Frequenzselektiver Spannungsteiler.

Lösung zu b). Dimensionierung R_1.

Strombegrenzung $I_{max} := 10mA$ (17.2.17)

Bei Resonanz tritt die höchste Gesamtimpedanz $Z_2=R_2$ auf. Die niedrigste Impedanz $Z_2=0$ tritt im Gleichspannungsfall und bei sehr hohen Frequenzen auf. In diesen Extremfällen wird der Strom I nur durch R_1 bestimmt.

Strombegrenzung durch R_1
$$R_1 := \frac{U_N}{I_{max}} \qquad (17.2.18)$$

$$R_1 = 23\,k\Omega \qquad (17.2.19)$$

Nächster E12-Wert $\qquad R_1 := 24\,k\Omega \qquad (17.2.20)$

Lösung zu c). Dimensionierung R_2.
Bei Resonanz tritt nur $Z_2=R_2$ auf. Die Spannung U_2 ist somit die Ausgangsspannung des unbelasteten Spannungsteilers.

$$U_2 = U_{HF} \cdot \frac{R_2}{R_1 + R_2} \qquad (17.2.21)$$

mit
$$U_2 = \frac{U_{HF}}{2} \qquad (17.2.22)$$

folgt
$$\frac{U_{HF}}{2} = U_{HF} \cdot \frac{R_2}{R_1 + R_2} \qquad (17.2.23)$$

oder $\qquad R_2 := R_1 \qquad (17.2.24)$

$$R_2 = 24\,k\Omega \qquad (17.2.25)$$

Lösung zu d). Dimensionierung des Schwingkreises.

Gegeben: Induktivität $\qquad L := 8.2\,\mu H \qquad (17.2.26)$

Steuersignal $\qquad U_{HF} = 5\,V \qquad (17.2.27)$

Resonanzfrequenz $\qquad f_0 := 10\,kHz \qquad (17.2.28)$

Thomsonsche Schwingungsformel $\qquad f_0 = \dfrac{1}{2\cdot\pi\cdot\sqrt{L\cdot C}} \qquad (17.2.29)$

17.2 Parallelresonanz

aufgelöst nach C

$$C := \frac{1}{4 \cdot L \cdot f_0^2 \cdot \pi^2} \qquad (17.2.30)$$

Kondensator $\quad C = 30.891 \mu F \qquad (17.2.31)$

Lösung zu e). Spannung U_2, ohne und mit Steuersignal.
Mit den beiden Impedanzen

$$\underline{Z_1} := R_1 \qquad (17.2.32)$$

und

$$\underline{Z_2}(\omega) := \frac{1}{\dfrac{1}{R_2} + \dfrac{1}{j \cdot \omega \cdot L} + j \cdot \omega \cdot C} \qquad (17.2.33)$$

folgt mit der Spannungsteiler-Formel

$$\underline{U_2}(\underline{U}, \omega) := \underline{U} \cdot \frac{\underline{Z_2}(\omega)}{\underline{Z_1} + \underline{Z_2}(\omega)} \qquad (17.2.34)$$

die Ausgangsspannung bei Netzfrequenz (ohne Steuersignal)

$$U_{2N} := \left| \underline{U_2}(U_N, \omega_N) \right| \qquad (17.2.35)$$

$$U_{2N} = 24.688 \times 10^{-6} \, V \qquad (17.2.36)$$

Überlagertes Steuersignal

$$U_{2HF} := \left| \underline{U_2}(U_{HF}, \omega_{HF}) \right| \qquad (17.2.37)$$

$$U_{2HF} = 2.5 \, V \qquad (17.2.38)$$

Die eingangs gestellten Anforderungen:

und
Spannungsteiler-Ausgang $U_2 = U_{2N} < 1V$ ohne Steuersignal

Spannungsteiler-Ausgang $U_2 = U_{2HF} > 2V$ mit Steuersignal

wurde mit der vorliegenden Dimensionierung eingehalten.

17.3
Frequenzabhängigkeiten von Schwingkreisen

Das Resonanzverhalten von Schwingkreisen wurde bisher als Frequenzgang, beispielsweise der Stromaufnahme des Reihenschwingkreises dargestellt. Allerdings mussten für die übersichtliche Darstellung spezieller Zustände mehrere Diagramme mit unterschiedlichen Frequenzbereichen gewählt werden, um die gewünschte Information übersichtlich darstellen zu können.

So wird in Abb. 17.1.3. dargestellt, dass die Stromaufnahme nur in Nähe der Resonanzfrequenz erhebliche Größe annimmt, während außerhalb bestimmter Grenzfrequenzen nur sehr geringe Ströme fließen. Hier war ein größerer Frequenzbereich wichtig, um den flachen Verlauf bei sehr kleinen und sehr großen Frequenzen zu zeigen. Um dagegen die besonderen Verläufe in Resonanznähe besser zu beschreiben, wurde in Abb. 17.1.2 der betrachtete Frequenzbereich sehr klein gewählt, um auch die Grenzfrequenzen gut darstellen zu können.

Für übersichtliche Darstellungen von bestimmten Zuständen über einen sehr großen Frequenzbereich sollen zwei weitere Diagrammarten eingesetzt werden: Ortskurven und das Bode-Diagramm.

17.3.1
Ortskurven von Impedanz und Admittanz

Eingangs-Impedanz:

$$\underline{Z}(\omega) = R + j\,(\omega L - \frac{1}{\omega C}) \qquad (17.3.1)$$

Eingangs-Admittanz

$$\underline{Y}(\omega) = G + j\,(\omega C - \frac{1}{\omega L}) \qquad (17.3.2)$$

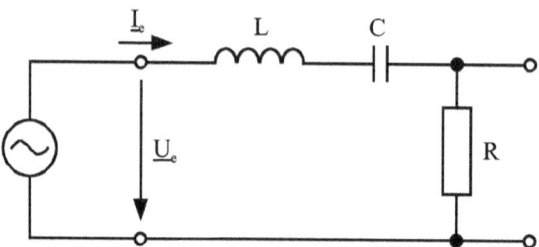

Abb. 17.3.1. Reihenschwingkreis zur Ortskurvendarstellung.

Der Ort der Impedanz und Admittanz wird auf der komplexen Ebene in Abhängigkeit von der Frequenz dargestellt.
Die Ortskurve der Impedanz ergibt eine unendliche Gerade.
Die Ortskurve der Admittanz ergibt einen Kreis.

17.3 Frequenzabhängigkeiten von Schwingkreisen

Tabelle 17.3.1. Charakteristische Werte.

ω	$\dfrac{\underline{\underline{Z}}}{R}$	$\dfrac{\underline{\underline{Y}}}{G}$
0	$1 - j\infty$	0
ω_{gu}	$1 - j$	$\dfrac{1}{2} + j \cdot \dfrac{1}{2}$
ω_0	1	1
ω_{go}	$1 + j$	$\dfrac{1}{2} - j \cdot \dfrac{1}{2}$
∞	$1 + j\infty$	0

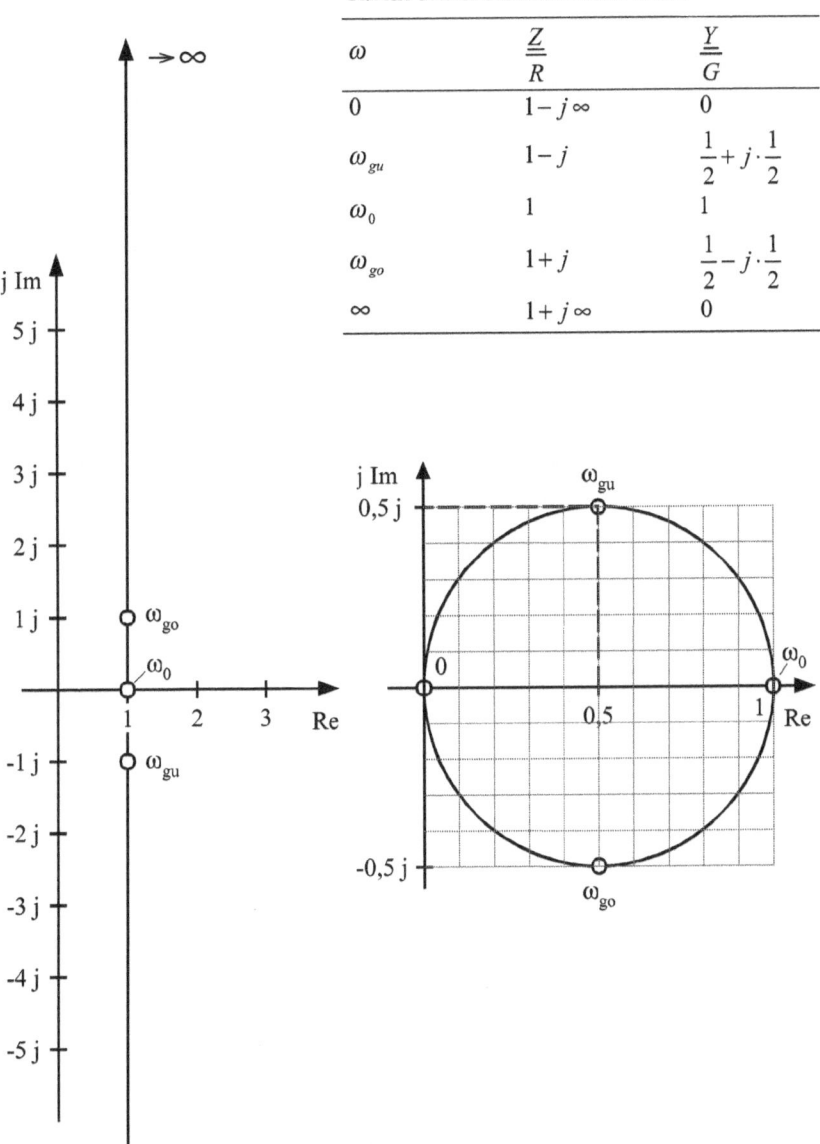

Abb. 17.3.2. Ortskurvendarstellungen für den Reihenschwingkreis.

17.3.2
Bodediagramm der Übertragungsfunktion

Die Frequenzabhängigkeit der Übertragungsfunktion des folgenden Bandpass-Filters soll untersucht werden.

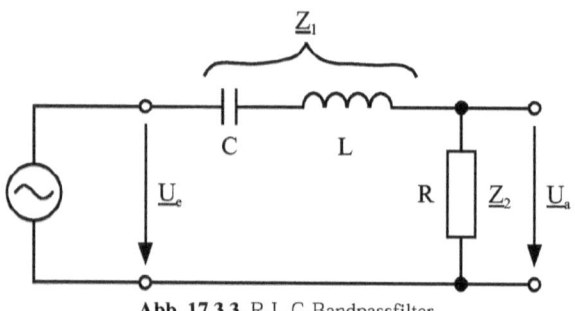

Abb. 17.3.3. R-L-C-Bandpassfilter.

Die Ausgangsspannung des unbelasteten Spannungsteilers beträgt

$$\underline{U}_a = \underline{U}_e \cdot \frac{\underline{Z}_2}{\underline{Z}_1 + \underline{Z}_2} \qquad (17.3.3)$$

Mit den Impedanzen des Spannungsteilers folgt

$$\underline{U}_a = \underline{U}_e \cdot \frac{R}{\dfrac{1}{j\omega C} + j\omega L + R} \qquad (17.3.4)$$

oder

$$\underline{U}_a = \underline{U}_e \cdot \frac{R}{R + j(\omega L - \dfrac{1}{\omega C})} \qquad (17.3.5)$$

Die Übertragungsfunktion beschreibt das Verhältnis der vom Eingang zum Ausgang des Vierpols übertragenen Spannung:

$$\underline{F} = \frac{\underline{U}_a}{\underline{U}_e} \qquad (17.3.6)$$

Somit folgt mit (17.3.5)

$$\underline{F} = \frac{1}{1 + j\dfrac{1}{R}(\omega L - \dfrac{1}{\omega C})} \qquad (17.3.7)$$

Eine übersichtliche Darstellung der Übertragungsfunktion über einen weiten Frequenzbereich ist möglich, wenn eine logarithmische Achsenteilung gewählt wird. Im Bode-Diagramm werden Frequenzgang der Übertragungsfunktion und des Phasenwinkels mit logarithmischen Achsen dargestellt.

X-Achse: Zehner-Logarithmus der normierten Frequenz $\lg(\frac{f}{f_g})$

Anmerkung 1: Das Argument der lg-Funktion muss einheitenlos sein.
Anmerkung 2: Als Normierungsfaktor eignet sich grundsätzlich jeder beliebige Wert. Werden als Normierungsgrößen typische Kennfrequenzen, z.B. Resonanzfrequenz f_0 oder Grenzfrequenz f_g gewählt, so ergeben sich einfache Beziehungen.
Anmerkung 3: Schreibweise des Logarithmus zur Basis 10: $\log_{10} = \lg$
Anmerkung 4: Die normierten Größen sind für ω und f gleich: $\frac{\omega}{\omega_g} = \frac{f}{f_g}$

Y_1-Achse: Logarithmisches Übertragungsmaß a(f) in dB (dezi-Bel)
Y_2-Achse: Phasenwinkel φ(f) Originalfunktion, nicht als Logarithmus.

Das Übertragungsmaß beschreibt das Verhältnis zweier Leistungen, ausgedrückt als Zehner-Logarithmus des Verhältnisses der Leistungen:

$$a_p = \lg(\frac{P_2}{P_1}) \cdot B \qquad \text{Einheit: Bel} \qquad (17.3.8)$$

Zur Kennzeichnung, dass es sich um ein logarithmisches Leistungsverhältnis handelt, wird die Einheit „Bel"[4] eingesetzt.
Üblich ist die Angabe in dezi-Bel (dB)

$$a_p = 10 \cdot \lg(\frac{P_2}{P_1}) \cdot dB \qquad \text{Einheit: Dezibel} \qquad (17.3.9)$$

Messtechnisch lassen sich Spannungen an Widerständen leichter erfassen als die im Widerstand umgesetzte Leistung. Der Zusammenhang zwischen Spannung und Leistung am ohmschen Widerstand ermöglicht die Ermittlung des Übertragungsmaßes auch aus einer Spannungsmessung.

---

[4] Bell, Alexander Graham, britisch-kanad. Erfinder, *3.3.1847 Edinburgh, +1.8.1922 bei Baddeck (Nova Scotia, Kanada); konstruierte 1876 ein Telefon, das im Prinzip noch heute verwendet wird [22].

Übertragungsmaß, dargestellt durch Spannungen:

mit $\quad P_1 = \dfrac{U_1^2}{R} \quad$ und $\quad P_2 = \dfrac{U_2^2}{R} \qquad (17.3.10)$

folgt mit (17.3.9)

$$a_u = 10 \cdot \lg\left(\dfrac{\dfrac{U_2^2}{R}}{\dfrac{U_1^2}{R}}\right) \cdot dB \qquad (17.3.11)$$

$$a_u = 10 \cdot \lg\left(\left(\dfrac{U_2}{U_1}\right)^2\right) \cdot dB \qquad (17.3.12)$$

$$a_u = 10 \cdot 2 \cdot \lg\left(\dfrac{U_2}{U_1}\right) \cdot dB \qquad (17.3.13)$$

oder

$$a_u = 20 \cdot \lg\left(\dfrac{U_2}{U_1}\right) \cdot dB \qquad (17.3.14)$$

Aus der Übertragungsfunktion der Spannungen folgt mit (17.3.14) das logarithmische Übertragungsmaß:

$$a_u = 20 \cdot \lg(|\underline{F}|) \cdot dB \qquad (17.3.15)$$

Mit (17.3.7) folgt für das R-L-C-Bandpassfilter

$$a_u = 20 \lg\left(\dfrac{1}{\sqrt{1 + \dfrac{1}{R^2}\left(\omega L - \dfrac{1}{\omega C}\right)^2}}\right) \cdot dB \qquad (17.3.16)$$

mit $\quad \dfrac{1}{x} = x^{-1} \qquad (17.3.17)$

folgt $\quad a_u = -20 \lg\left(\sqrt{1 + \dfrac{1}{R^2}\left(\omega L - \dfrac{1}{\omega C}\right)^2}\right) \cdot dB \qquad (17.3.18)$

mit $\quad \sqrt{x} = x^{\frac{1}{2}} \qquad (17.3.19)$

folgt $\quad a_u = -20 \cdot \dfrac{1}{2} \lg\left(1 + \dfrac{1}{R^2}\left(\omega L - \dfrac{1}{\omega C}\right)^2\right) \cdot dB \qquad (17.3.20)$

Für Frequenzbetrachtungen existieren 5 wichtige Sonderfälle:

Tabelle 17.3.2. Charakteristische Frequenzen.

Zustand	ω
1. Niedrige Frequenzen	$\omega \ll \omega_{gu}$
2. Untere Grenzfrequenz	$\omega_{gu} = -\dfrac{R}{2L} + \sqrt{\dfrac{R^2}{4L^2} + \dfrac{1}{LC}}$
3. Resonanzfrequenz	$\omega_0 = \dfrac{1}{\sqrt{L \cdot C}}$
4. Obere Grenzfrequenz	$\omega_{go} = \dfrac{R}{2L} + \sqrt{\dfrac{R^2}{4L^2} + \dfrac{1}{LC}}$
5. Hochfrequenz	$\omega \gg \omega_{go}$

Diese 5 charakteristischen Frequenzbereiche werden auf (17.3.20) angewandt.

1. Niedrige Frequenzen.

Bei niedrigen Frequenzen kann ωL gegenüber $\dfrac{1}{\omega C}$ vernachlässigt werden.

$$a_u(\omega \ll \omega_{gu}) = -20 \cdot \frac{1}{2} \lg(1 + (\frac{1}{R\omega C})^2) \cdot dB \qquad (17.3.21)$$

mit $\quad (\dfrac{1}{R\omega C})^2 \gg 1 \qquad (17.3.22)$

und der Abkürzung $\quad \dfrac{1}{RC} = \omega_{RC} \qquad (17.3.23)$

folgt $\quad a_u(\omega \ll \omega_{gu}) = -20 \lg(\dfrac{\omega_{RC}}{\omega}) \cdot dB \qquad (17.3.24)$

oder $\quad a_u(\omega \ll \omega_{gu}) = 20 \lg(\dfrac{\omega}{\omega_{RC}}) \cdot dB \qquad (17.3.25)$

2. Untere Grenzfrequenz.

$$a_u(\omega_{gu}) = -20 \cdot \frac{1}{2} \lg(1 + \frac{1}{R^2}(-R)^2) \cdot dB \qquad (17.3.26)$$

oder $\quad a_u(\omega_{gu}) = -20 \cdot \dfrac{1}{2} \lg(2) \cdot dB \qquad (17.3.27)$

mit $\quad\quad\quad \lg(2) = 0{,}301 \quad\quad\quad\quad\quad\quad\quad\quad\quad\quad$ (17.3.28)

folgt $\quad\quad a_u(\omega_{gu}) = -3\, dB \quad\quad\quad\quad\quad\quad\quad\quad$ (17.3.29)

Bei der unteren Grenzfrequenz wird die halbe Leistung übertragen.

Merksatz: Halbe Leistung $\triangleq$ Dämpfung 3 dB

3. Resonanzfrequenz.

$$a_u(\omega_0) = -20 \cdot \frac{1}{2} \lg(1+0) \cdot dB \quad\quad (17.3.30)$$

oder
$$a_u(\omega_0) = -10 \cdot \lg(1) \cdot dB \quad\quad (17.3.31)$$

folgt $\quad\quad a_u(\omega_0) = 0\, dB \quad\quad\quad\quad\quad\quad\quad\quad$ (17.3.32)

Bei Resonanz wird die volle Leistung übertragen.

Merksatz: Volle Leistung = keine Dämpfung $\triangleq$ Dämpfung 0 dB

4. Obere Grenzfrequenz.

$$a_u(\omega_{go}) = -20 \cdot \frac{1}{2} \lg(1 + \frac{1}{R^2}(R)^2) \cdot dB \quad\quad (17.3.33)$$

folgt $\quad\quad a_u(\omega_{go}) = -3\, dB \quad\quad\quad\quad\quad\quad\quad\quad$ (17.3.34)

Auch bei der oberen Grenzfrequenz wird die halbe Leistung übertragen.

5. Hochfrequenz.

Bei hohen Frequenzen kann $\dfrac{1}{\omega C}$ gegenüber ωL vernachlässigt werden.

$$a_u(\omega \gg \omega_{go}) = -20 \cdot \frac{1}{2} \lg(1 + (\frac{\omega L}{R})^2) \cdot dB \quad\quad (17.3.35)$$

mit $\quad\quad (\dfrac{\omega L}{R})^2 \gg 1 \quad\quad\quad\quad\quad\quad\quad\quad$ (17.3.36)

und der Abkürzung $\quad \dfrac{R}{L} = \omega_{RL} \quad\quad\quad\quad\quad\quad$ (17.3.37)

folgt
$$a_u(\omega \gg \omega_{go}) = -20 \lg(\frac{\omega}{\omega_{RL}}) \cdot dB \quad\quad (17.3.38)$$

17.3 Frequenzabhängigkeiten von Schwingkreisen

Die Ergebnisse der 5 Sonderfälle können wie folgt zusammengefasst werden:

Tabelle 17.3.3. Zusammenfassung der Sonderfälle.

ω	$a(\omega)$	Kommentar
1. $\omega \ll \omega_{gu}$	$a_u = 20\lg(\dfrac{\omega}{\omega_{RC}}) \cdot dB$	Anstieg 20 dB pro Dekade
2. ω_{gu}	$a_u(\omega_{gu}) = -3\,dB$	halbe Leistung
3. ω_0	$a_u(\omega_0) = 0\,dB$	keine Dämpfung
4. ω_{go}	$a_u(\omega_{go}) = -3\,dB$	halbe Leistung
5. $\omega \gg \omega_{go}$	$a_u = -20\lg(\dfrac{\omega}{\omega_{RL}}) \cdot dB$	Abfall 20 dB pro Dekade

Abb. 17.3.4. Bodediagramm für R-L-C-Bandpassfilter.

18 Fourier-Analyse

18.1 Nicht-sinusförmige periodische Funktionen

Periodischen Funktion spielen in Technik und Naturwissenschaft eine wichtige Rolle. Eine herausragende Stellung nehmen dabei die sinusförmigen (sin- und cos) Funktionen ein. So kann z.b. in der Elektrotechnik die Impedanz von Netzwerken bei sinusförmigen Wechselströmen und -spannungen nach relativ einfachen Methoden berechnet werden, während die Berechnung bei nichtsinusförmigen Strom- und Spannungsfunktionen erheblich aufwendiger wird.

Es würde daher für die Lösung vieler technischer Probleme eine Vereinfachung bedeuten, wenn eine beliebige periodische Funktion als Summe von mehreren sinusförmigen Funktionen dargestellt werden könnte. Genau dies geschieht bei der Entwicklung einer beliebigen periodischen Funktion in eine Fourier-Reihe (benannt nach dem Mathematiker Fourier).

18.2 Fourier-Reihe

Die Fourier-Reihe ist eine unendliche Reihe der Form

$$\frac{a_0}{2} + \sum_{k=1}^{\infty} (a_k \cos(k\omega\, t) + b_k \sin(k\omega\, t)) \tag{18.1}$$

Als Vorbetrachtung werden wir zunächst die unendliche Fourier-Reihe durch eine endliche Reihe derselben Form, aber nur bis zur dritten Ordnung (k=1...3) ersetzen. Die daraus gewonnenen Erkenntnisse lassen sich anschließend auf die unendliche Fourier-Reihe übertragen.

18 Fourier-Analyse

Wir wollen die Aufgabe lösen, die periodische Funktion der Periode T

$$f(t+T) = f(t) \tag{18.2}$$

mit möglichst geringem Fehler durch die Funktion

$$g(t) = \frac{a_0}{2} + a_1 \cos\omega t + a_2 \cos 2\omega t + a_3 \cos 3\omega t$$
$$+ b_1 \sin\omega t + b_2 \sin 2\omega t + b_3 \sin 3\omega t \tag{18.3}$$

mit $\omega = \frac{2\pi}{T}$ anzunähern. Die Koeffizienten a_k und b_k sollen dadurch bestimmt werden, dass sich das Fehlerquadrat, das sich aus der Differenz der Funktion f(t) und der Näherung g(t) ergibt, zu einem Minimum wird.

Das Fehlerquadrat über eine Periode ist definiert zu

$$F = \int_0^T [g(t) - f(t)]^2 dt \rightarrow \text{Minimum} \tag{18.4}$$

Der Wert F des Fehlerquadrat-Integrals hängt ab von den Koeffizienten a_k und b_k und kann daher aufgefasst werden als Funktion der Koeffizienten a_k und b_k (k=0,1,2,3):

$$F = F(a_0, a_1, a_2, a_3, b_1, b_2, b_3) \tag{18.5}$$

Die Funktion F wird dann zum Minimum, wenn alle partiellen Ableitungen nach den Koeffizienten a_k und b_k gleich Null sind:

$$\frac{\partial F}{\partial a_0} = 0, \frac{\partial F}{\partial a_1} = 0, \frac{\partial F}{\partial a_2} = 0, \frac{\partial F}{\partial a_3} = 0, \frac{\partial F}{\partial b_1} = 0, \frac{\partial F}{\partial b_2} = 0, \frac{\partial F}{\partial b_3} = 0 \tag{18.6}$$

Wir wollen beispielhaft die partielle Ableitung nach dem Koeffizienten a_2 durchführen. Zunächst schreiben wir die Fehlerquadratfunktion F ausführlich:

$$F = \int_0^T [\frac{a_0}{2} + a_1 \cos\omega t + a_2 \cos 2\omega t + a_3 \cos 3\omega t$$
$$+ b_1 \sin\omega t + b_2 \sin 2\omega t + b_3 \sin 3\omega t - f(t)]^2 dt \tag{18.7}$$

18.2 Fourier-Reihe

Nach den Regeln der partiellen Ableitung werden alle nicht von a_2 abhängigen Terme als konstant betrachtet:

$$\frac{\partial F}{\partial a_2} = \int_0^T 2 \cdot [\frac{a_0}{2} + a_1 \cos \omega t + a_2 \cos 2\omega t + a_3 \cos 3\omega t$$
$$+ b_1 \sin \omega t + b_2 \sin 2\omega t + b_3 \sin 3\omega t - f(t)] \cdot \cos 2\omega t \cdot dt = 0 \qquad (18.8)$$

Durch Ausmultiplizieren des Terms $\cos 2\omega t$ mit allen Termen der Klammer ergeben sich Terme der Art

$$\cos n\omega t \cdot \cos m\omega t$$

und $\quad\quad\quad \cos n\omega t \cdot \sin m\omega t \qquad (18.9)$

mit $\quad\quad n = 2$ und $m = 1, 2, 3$

Mit Hilfe elementarer Beziehungen aus der Trigonometrie kann die Gültigkeit folgender Beziehungen bewiesen werden:

$$\int_0^T \cos n\omega t \cdot \cos m\omega t \, dt = \frac{1}{2} \int_0^T [\cos(n+m)\omega t + \cos(n-m)\omega t] \, dt = \begin{cases} 0 & \text{für } n \neq m \\ \dfrac{T}{2} & \text{für } n = m \neq 0 \\ T & \text{für } n = m = 0 \end{cases}$$

(18.10)

$$\int_0^T \cos n\omega t \cdot \sin m\omega t \, dt = \frac{1}{2} \int_0^T [\sin(n+m)\omega t - \sin(n-m)\omega t] \, dt = 0 \qquad (18.11)$$

Für die weitere Auswertung der Beziehung (18.8) braucht also nur der Term n=m=2 ($\neq 0$) berücksichtigt werden. Die Integrale aller anderen Kombinationen ergeben immer Null.

Damit folgt aus (18.8) unter Berücksichtigung der sogenannten Orthogonalitätsbeziehungen (18.10) und (18.11)

$$\int_0^T 2\cdot[a_2\cos 2\omega t\cdot\cos 2\omega t - f(t)\cdot\cos 2\omega t]dt = 0$$

$$2a_2\int_0^T\cos 2\omega t\cdot\cos 2\omega t\,dt - 2\int_0^T f(t)\cos 2\omega t\,dt = 0$$

$$2a_2\frac{T}{2} - 2\int_0^T f(t)\cos 2\omega t\,dt = 0$$

oder

$$a_2 = \frac{2}{T}\int_0^T f(t)\cos 2\omega t\,dt \tag{18.12}$$

Offensichtlich ergibt sich aus der partiellen Ableitung der Fehlerquadrat-Funktion nach einem Koeffizienten a_k genau eine Bestimmungsgleichung für diesen Koeffizienten.

Die Herleitung der Bestimmungsgleichungen für die Koeffizienten b_k (k=1...3) kann mit Hilfe der folgenden Orthogonalitätsbeziehung

$$\int_0^T \sin n\omega t\cdot\sin m\omega t\,dt = \frac{1}{2}\int_0^T[\cos(n-m)\omega t - \cos(n+m)\omega t]dt = \begin{cases} 0 & \text{für } n \neq m \\ \dfrac{T}{2} & \text{für } n = m \neq 0 \\ 0 & \text{für } n = m = 0 \end{cases}$$

(18.13)

analog zur Herleitung der Koeffizienten a_k durchgeführt werden.

Zusammenfassend ergeben sich die Koeffizienten a_k (k=0...3) und b_k (k=1...3) wie folgt:

$$a_0 = \frac{2}{T}\int_0^T f(t)dt$$

(18.14)

$$a_1 = \frac{2}{T}\int_0^T f(t)\cos\omega t\,dt$$

(18.15)

$$a_2 = \frac{2}{T}\int_0^T f(t)\cos 2\omega t\, dt \tag{18.16}$$

$$a_3 = \frac{2}{T}\int_0^T f(t)\cos 3\omega t\, dt \tag{18.17}$$

$$b_1 = \frac{2}{T}\int_0^T f(t)\sin \omega t\, dt \tag{18.18}$$

$$b_2 = \frac{2}{T}\int_0^T f(t)\sin 2\omega t\, dt \tag{18.19}$$

$$b_3 = \frac{2}{T}\int_0^T f(t)\sin 3\omega t\, dt \tag{18.20}$$

Dazu ein Beispiel: Gegeben sei die periodische Funktion

$$f(t) = \frac{U_{max}}{T}\cdot t \tag{18.21}$$

mit der Periode T. Die Koeffizienten a_k (k=0...3) und b_k (k=1...3) berechnen sich dann mit den Beziehungen (14) bis (20) zu

$$a_0 = \frac{2}{T}\int_0^T \frac{U_{max}}{T}\cdot t\, dt = \frac{2}{T}\cdot\frac{U_{max}}{T}\left[\frac{t^2}{2}\right]_0^T = U_{max} \tag{18.22}$$

$$a_k = \frac{2}{T}\int_0^T \frac{U_{max}}{T}\cdot t\cos(k\omega t)\, dt \tag{18.23}$$

Mit $\omega = \dfrac{2\pi}{T}$ folgt für alle k≥1 (18.24)

$$a_k = \frac{2}{T}\int_0^T \frac{U_{max}}{T}\cdot t\cos(k\frac{2\pi}{T}t)dt = \frac{2U_{max}}{T^2}\left[\frac{\cos k\omega t}{k^2\omega^2} + \frac{t\sin k\omega t}{k\omega}\right]_0^T = 0$$

(18.25)

$$a_k = 0 \quad \text{für alle k≥1} \tag{18.26}$$

$$b_k = \frac{2}{T}\int_0^T \frac{U_{max}}{T}\cdot t\sin(k\omega t)dt$$

(18.27)

$$b_k = -\frac{U_{max}}{k\cdot\pi}$$

(18.28)

Damit ergibt sich die Näherungsfunktion g(t) nach Beziehung (18.3) mit den Koeffizienten bis zur 3. Ordnung für $f(t) = \dfrac{U_{max}}{T}\cdot t$ zu

$$g(t) = \frac{U_{max}}{2} - \frac{U_{max}}{\pi}\sin(\omega t) - \frac{U_{max}}{2\pi}\sin(2\omega t) - \frac{U_{max}}{3\pi}\sin(3\omega t) \tag{18.29}$$

Bei der folgenden grafischen Darstellung der periodischen Originalfunktion f(t)=t und ihrer Näherung g(t) wird die Ordnung der Näherungsfunktion g(t) mit jedem Bild schrittweise um 1 erhöht, um die Auswirkung der Berücksichtigung der Sinus-Terme höherer Ordnung zu erkennen.

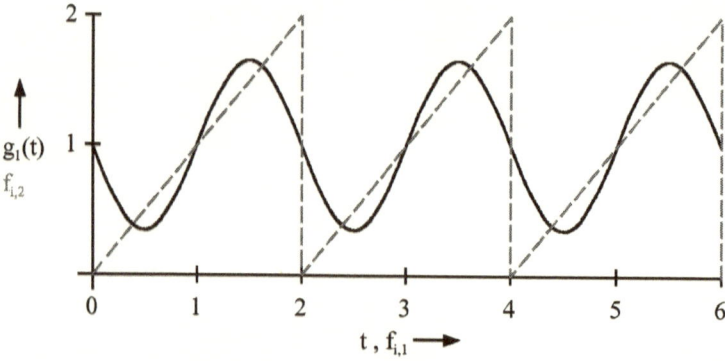

Abb. 18.1. $g_1(t) = \dfrac{U_{max}}{2} - \dfrac{U_{max}}{\pi}\sin(\omega t)$

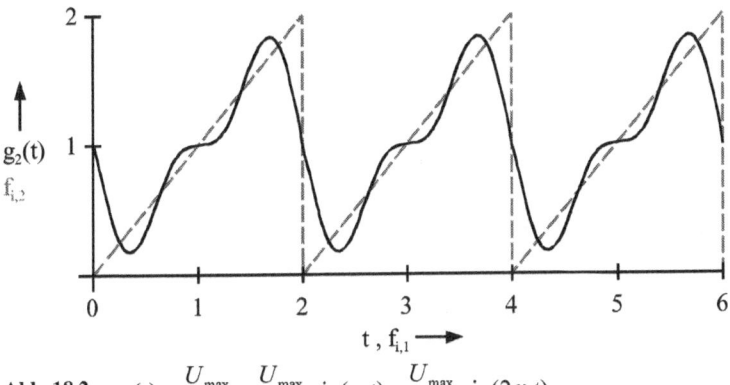

Abb. 18.2. $g_2(t) = \dfrac{U_{max}}{2} - \dfrac{U_{max}}{\pi}\sin(\omega t) - \dfrac{U_{max}}{2\pi}\sin(2\omega t)$

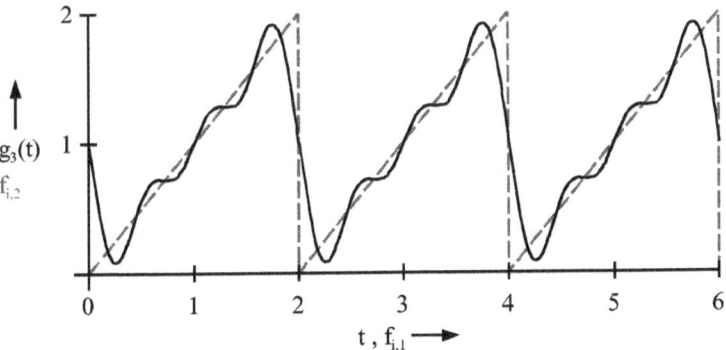

Abb. 18.3. $g_3(t) = \dfrac{U_{max}}{2} - \dfrac{U_{max}}{\pi}\sin(\omega t) - \dfrac{U_{max}}{2\pi}\sin(2\omega t) - \dfrac{U_{max}}{3\pi}\sin(3\omega t)$

Offensichtlich schmiegt sich die Näherungsfunktion g(t) umso besser an die Originalfunktion f(t) an, je höher die Ordnung der berücksichtigten Terme ist.

Wir können nun das Beispiel der endlichen Reihe nach Beziehung (18.3) verlassen und zur unendlichen Fourier-Reihe übergehen. Unter der Voraussetzung, dass die periodische Funktion f(t) eine stückweise glatte Funktion ist, konvergiert die unendliche Fourier-Reihe für alle t:

$$f(t) = \frac{a_0}{2} + \sum_{k=1}^{\infty} (a_k \cos k\omega t + b_k \sin k\omega t) \qquad (18.30)$$

mit den Fourier-Koeffizienten

$$a_k = \frac{2}{T} \int_0^T f(t) \cos k\omega t \, dt \quad k = 0,1,2...\infty \qquad (18.31)$$

$$b_k = \frac{2}{T} \int_0^T f(t) \sin k\omega t \, dt \quad k = 1,2...\infty \qquad (18.32)$$

Der Sonderfall a_0 ist in Beziehung (18.31) enthalten, da cos 0 = 1 ist:

$$a_0 = \frac{2}{T} \int_0^T f(t) dt \qquad (18.33)$$

18.3
Symmetrie-Eigenschaften der Fourier-Reihe

Symmetrie-Eigenschaften in einer periodischen Funktion führen häufig zu einfacheren Fourier-Koeffizienten-Berechnung.

18.3.1
Gerade Funktionen

$$f(-t) = f(t) \qquad (18.34)$$

Spiegelsymmetrisch zur y-Achse (Beispiel: cos-Funktion).
Für die Fourier-Koeffizienten gerader Funktionen gilt:

$$a_0 = \frac{2}{T} \int_0^T f(t) dt \qquad (18.35)$$

$$a_k = \frac{2}{T} \int_0^T f(t) \cos k\omega t \, dt \quad k = 1,2,3...\infty \qquad (18.36)$$

$$b_k = 0 \text{ für alle k} \qquad (18.37$$

18.3.2
Ungerade Funktionen

$$f(-t) = -f(t) \tag{18.38}$$

Punktsymmetrisch zum Achsenursprung (Beispiel: sin-Funktion).
Für die Fourier-Koeffizienten ungerader Funktionen gilt:

$$a_0 = 0 \quad \text{kein Gleichanteil} \tag{18.39}$$

$$a_k = 0 \quad \text{kein cos-Anteil für alle k>0} \tag{18.40}$$

$$b_k = \frac{2}{T}\int_0^T f(t)\sin k\omega t\, dt \quad k = 1,2,3...\infty \tag{18.41}$$

18.3.3
Ungerade Funktionen mit überlagertem Gleichanteil

Ungerade Funktionen haben keinen Gleichanteil. Oftmals können periodische Funktionen mit Gleichanteil als Überlagerung des Gleichanteils mit einer ungeraden Funktion betrachtet werden (z.B. Sägezahnfunktion).

$$f(t+T) = f(t) = \frac{\hat{u}}{T} \cdot t \tag{18.42}$$

In diesem Fall gilt

$$a_0 = \frac{2}{T}\int_0^T f(t)dt \quad \text{Gleichanteil} \tag{18.43}$$

$$a_k = 0 \quad \text{kein cos-Anteil für alle k>0} \tag{18.44}$$

$$b_k = \frac{2}{T}\int_0^T f(t)\sin k\omega t\, dt \quad k = 1,2,3...\infty \tag{18.45}$$

18.4
Spektrum einer periodischen Funktion

Das Spektrum einer periodischen Zeitfunktion gibt an, welche Amplitudenverteilung sich für die nach Fourier entwickelte periodische Funktion ergibt. Dabei werden die sin- und cos-Glieder der Fourierreihe so zusammengefasst, dass sich für jede Frequenz ein Term der Form

$$c_k \cdot \sin(k\omega t + \varphi_k) \qquad (18.46)$$

ergibt. Unter Verwendung des trigonometrischen Additionstheorems

$$a_k \cdot \cos k\omega t + b_k \cdot \sin k\omega t = c_k \cdot \sin(k\omega t + \varphi_k)$$
$$\text{mit} \quad c_k = \sqrt{a_k^2 + b_k^2} \qquad (18.47)$$
$$\text{und} \quad \varphi_k = \arctan\frac{a_k}{b_k}$$

lässt sich die Fourierreihe somit auch folgendermaßen schreiben:

$$f(t) = \frac{c_0}{2} + \sum_{k=1}^{\infty} c_k \sin(k\omega t + \varphi_k) \qquad (18.48)$$

Die Amplituden c_k aller Frequenzanteile in einem Frequenz-Amplituden-Diagramm aufgetragen stellen das sog. Linien-Spektrum der periodischen Funktion dar. Lininen-Spektrum deshalb, weil „Spektrallinien" nur bei bestimmten diskreten Frequenzen auftreten.

Häufig wird statt des Linienspektrums der Amplituden das Linienspektrum der Effektivwerte angegeben. Es gilt folgender Zusammenhang:

$$c_{k\mathit{eff}} = \frac{c_k}{\sqrt{2}} \qquad (18.49)$$

18.5 Grundschwingungsgehalt und Klirrfaktor

Für eine reine Wechselspannung (ohne Gleichanteil) kann als Qualitätsmerkmal der Grundschwingungsanteil

$$g = \frac{U_1}{U_{\mathit{eff}}} = \frac{\mathit{Effektivwert\ der\ Grundschwingung}}{\mathit{Effektivwert\ der\ Gesamtspannung}} \quad (18.50)$$

angegeben werden.

Effektivwert der Gesamtspannung[5]

$$U_{\mathit{eff}} = \sqrt{\frac{1}{T}\int_0^T u^2(t)dt} \quad (18.51)$$

Komplementär zu g ist der Oberschwingungsgehalt (=Klirrfaktor) definiert:

$$k = \frac{\sqrt{U_{\mathit{eff}}^2 - U_1^2}}{U_{\mathit{eff}}} \quad (18.52)$$

Aus (18.50) und (18.52) folgt der Zusammenhang

$$g^2 + k^2 = 1 \quad (18.53)$$

Der Klirrfaktor gilt als Qualitätsmerkmal für Audio-Verstärker: Ein reines Sinus-Signal wird durch nichtideales Verhalten in ein vom Sinus abweichendes Signal verstärkt. Der Klirrfaktor des verstärkten Signals ist demnach ein Maß für die unerwünschte Verzerrungseigenschaft des Verstärkers.

---

[5] Englische Abkürzung für Effektivwert: $\quad RMS =\ $ Root Mean Square

$$U_{\mathit{eff}} = \sqrt{\frac{1}{T}\int_0^T u^2(t)dt}$$

19 Solarzelle als nichtlineare Quelle

19.1 Effektive Solarzellenkennlinie

Das Betriebsverhalten von Solarzellen und Solarmodulen kann für Teillastberechnungen im Engineering-Bereich mit guter Genauigkeit durch die Effektive Solarzellenkennlinie beschrieben werden [19].

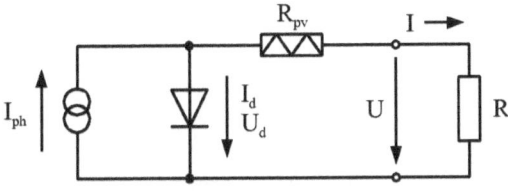

Abb. 19.1. Ersatzschaltbild

Der Photovoltaik-Widerstand beschreibt als Ersatzzweipol innere Verluste sowohl durch den Serieninnenwiderstand R_s als auch durch den Parallelinnenwiderstand R_p.

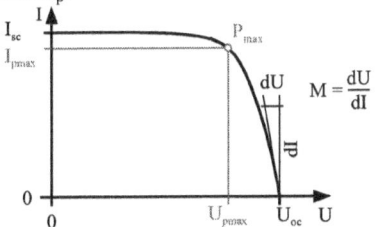

Abb. 19.2. Strom-Spannungs-Kennlinie

Durch Netztransfiguration (R_s und R_p werden zu R_{pv} transfiguriert) werden sowohl die Effektivkennlinie als auch die Gleichungsparameter explizit berechenbar aus den gemessenen Kennwerten

- I_{sc} Kurzschlussstrom
- U_{oc} Leerlaufspannung
- I_{pmax} Strom im Punkt maximaler Leistung
- U_{pmax} Spannung im Punkt maximaler Leistung

Effektive Solarzellen Kennlinien-Gleichung

$$I = I_{ph} - I_0(e^{\frac{U+I \cdot R_{pv}}{U_T}} - 1) \tag{19.1}$$

explizite Form $\quad U = U_T \ln(\frac{I_{ph} - I + I_0}{I_0}) - I \cdot R_{pv} \tag{19.2}$

Als Hilfsgröße für die Ermittlung der Gleichungsparameter muss zunächst die Steigung M im Leerlaufpunkt ermittelt werden.
Mit der folgenden allgemeingültigen Näherungsformel wird eine Approximationsgenauigkeit von 1% erreicht [19].

$$M = \frac{U_{oc}}{I_{sc}}(k_1 \frac{I_{p\max} U_{p\max}}{I_{sc} U_{oc}} + k_2 \frac{U_{p\max}}{U_{oc}} + k_3 \frac{I_{p\max}}{I_{sc}} + k_4) \tag{19.3}$$

Die zugehörigen Gleichungskonstanten wurden materialunabhängig mit Methoden der numerischen Mathematik ermittelt.

$$k = \begin{pmatrix} -5{,}411 \\ 6{,}450 \\ 3{,}417 \\ -4{,}422 \end{pmatrix} \tag{19.4}$$

Die Effektiv-Parameter der Solarzellen-Kennlinie:

$$R_{pv} = -M \frac{I_{sc}}{I_{p\max}} + \frac{U_{p\max}}{I_{p\max}}(1 - \frac{I_{sc}}{I_{p\max}}) \tag{19.5}$$

$$U_T = -(M + R_{pv}) I_{sc} \tag{19.6}$$

$$I_0 = I_{sc} e^{-\frac{U_{oc}}{U_T}} \tag{19.7}$$

$$I_{ph} = I_{sc} \tag{19.8}$$

19.2
Leistungsanpassung von Solarzellen

Das Datenblatt eines Solarzellenmoduls enthält folgende Angaben zur Kennlinie unter Standard-Prüfbedingungen (STC):

$$I_{sc}= 3.65A, \quad U_{oc}= 21.7V, \quad I_{pmax}= 3.15A \quad U_{pmax}= 17.5V \tag{19.9}$$

Um einen Überblick über den Kennlinienverlauf zu erhalten, sollen die folgenden Berechnungen durchgeführt und ein maßstäbliches Diagramm gezeichnet werden.

a) Berechnung der effektiven Gleichungsparameter R_{pv}, U_T, I_0, I_{ph}.
b) Graphische Darstellung der Kennlinie maßstäblich mit 7 Stützpunkten.
   Intervallbreite für die Berechnung der Kennlinienpunkte:
   Bereich $0...I_{pmax}$: Intervallbreite $I_{pmax}/3$
   Bereich $I_{pmax}...I_{sc}$: Intervallbreite $(I_{sc}-I_{pmax})/3$.
c) Zur Funktionsprüfung soll ein Widerstand angeschlossen werden. Es soll ein Strom von 2 A fließen. Was für ein Widerstand muss angeschlossen werden? Zeichnen Sie die Kennlinie des Widerstandes maßstäblich in das Kennlinienbild und überprüfen Sie zeichnerisch die rechnerische Lösung.

Lösung zu a): Zunächst muss als Hilfsgröße die Steigung M im Leerlaufpunkt berechnet werden.

$$M(I_{sc}, U_{oc}, I_{pmax}, U_{pmax}) = \frac{U_{oc}}{I_{sc}}(-5,411\frac{I_{pmax}U_{pmax}}{I_{sc}U_{oc}} + 6,450\frac{U_{pmax}}{U_{oc}} + ... \tag{19.10}$$
$$+3,417\frac{I_{pmax}}{I_{sc}} - 4,422)$$

Es ergibt sich mit den Kennwerten (19.9)

$$M(I_{sc}, U_{oc}, I_{pmax}, U_{pmax}) = -0,222\frac{V}{A} \tag{19.11}$$

Es folgen die effektiven Gleichungsparameter R_{pv}, U_T, I_0, I_{ph} aus den Kennwerten I_{sc}, U_{oc}, I_{pmax}, U_{pmax}

Photovoltaik-Widerstand
$$R_{pv} = -M\frac{I_{sc}}{I_{p\max}} + \frac{U_{p\max}}{I_{p\max}}(1-\frac{I_{sc}}{I_{p\max}}) \qquad (19.12)$$

$$R_{pv} = -0{,}624\frac{V}{A} \qquad (19.13)$$

Temperaturspannung
$$U_T = -(M+R_{pv})I_{sc} \qquad (19.14)$$

$$U_T = 3{,}09\ V \qquad (19.15)$$

Dunkel-Sperrstrom
$$I_0 = I_{sc} e^{-\frac{U_{oc}}{U_T}} \qquad (19.16)$$

$$I_0 = 3{,}253 \cdot 10^{-3}\ A \qquad (19.17)$$

Photostrom
$$I_{ph} = I_{sc} \qquad (19.18)$$

$$I_{ph} = 3{,}65\ A \qquad (19.19)$$

Lösung zu b): Mit diesen Zahlenwerten kann nun die effektive Kennliniengleichung (19.2) numerisch ausgewertet werden.

$$U(I) = 3{,}09V \cdot \ln(\frac{3{,}65A - I + 3{,}253 \cdot 10^{-3}\ A}{3{,}253 \cdot 10^{-3}\ A}) - I(-0{,}624\frac{V}{A}) \qquad (19.20)$$

Aus den vorgegebenen Kennlinienpunkten lässt sich die folgende Wertetabelle berechnen. Die Wertetabelle wurde mit den in (b) vorgeschlagenen Intervallen berechnet:

Tabelle 19.1. Wertetabelle für die Solarzellen-Kennlinie

I_s	U_s
0 A	21,7 V
1,05 A	21,3 V
2,10 A	20,4 V
3,15 A	17,5 V
3,32 A	16,4 V
3,48 A	14,4 V
3,65 A	0 V

Die folgende Abbildung zeigt die durch Geradenstücke angenäherte Kennlinie der Solarzelle. Mit der in der Aufgabenstellung empfohlenen Schrittfolge für die Wertetabelle lässt sich durch die Geradenstücke eine für viele praktische Näherungslösungen ausreichend genaue Kennlinie maßstäblich aufzeichnen, wodurch graphische Lösungsansätze für überschlägige Beurteilungen zu akzeptablen Lösungen führen.

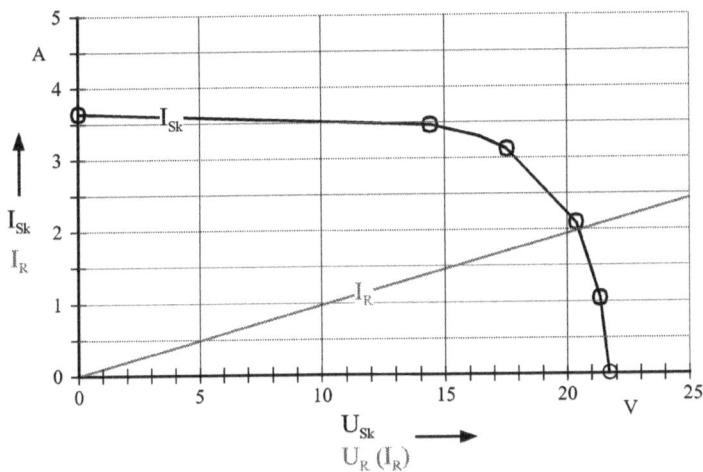

Abb. 19.3. Widerstand als Last eines Solarmoduls

Lösung zu c): Mit den Kennlinienparametern und dem geforderten Laststrom I_L folgt aus der Kennliniengleichung (19.2) die Spannung U_L für den Arbeitspunkt:

$$I_L = 2A \tag{19.21}$$

$$U_L = U(I_L) = 20{,}5V \tag{19.22}$$

Für den Lastwiderstand folgt damit

$$R_L = 10{,}25\Omega \tag{19.23}$$

Die effektive Solarzellenkennlinie ist als Werkzeug zur praktischen Berechnung von Anpassungsproblemen, beispielsweise zur Berechnung von Matchverlusten durch streuende Kennwerte oder zur Beurteilung der notwendigen Regelgenauigkeit von Anpassungsreglern geeignet.

20 Literaturverzeichnis

[1] Lehner, Günther: Elektromagnetische Feldtheorie für Ingenieure und Physiker. – Springer-Verlag Berlin, Heidelberg, NewYork, 1990.
[2] Simonyi, Karoly: Theoretische Elektrotechnik. - VEB Deutscher Verlag der Wissenschaften, Berlin, 1973.
[3] Philippow, Eugen (Hrsg.): Taschenbuch Elektrotechnik in sechs Bänden. Band 1 Allgemeine Grundlagen. - VEB Verlag Technik, Berlin, 1976.
[4] Bronstein, I.N., Semendjajew, K.A.: Taschenbuch der Mathematik. - 20. Auflage Hrsg. Grosche, G., Ziegler, V., BSB B.G.Teubner Verlagsgesellschaft, Leipzig, 1981.
[5] Benutzerhandbuch Mathcad 8. - MITP-Verlag GmbH, Bonn, 1998.
[6] Bosse, Georg (Hrsg): Grundlagen der Elektrotechnik I: Das elektrische Feld und der Gleichstrom. – VDI-Verlag, Düsseldorf, 1996.
[7] Bosse, Georg (Hrsg): Grundlagen der Elektrotechnik II: Das magnetische Feld und die magnetische Induktion. – VDI-Verlag, Düsseldorf, 1996.
[8] Bosse, Georg (Hrsg): Grundlagen der Elektrotechnik III: Wechselstromlehre, Vierpol- und Leitungstheorie. – VDI-Verlag, Düsseldorf, 1996.
[9] Bosse, Georg (Hrsg): Grundlagen der Elektrotechnik IV: Drehstrom, Ausgleichsvorgänge in linearen Netzen. – VDI-Verlag, Düsseldorf, 1996.
[10] Lindner, Brauer, Lehmann: Taschenbuch der Elektrotechnik und Elektronik. – Fachbuchverlag Leipzig im Carl Hanser Verlag, 7.Auflage, München, Wien, 1998.
[11] Fricke, H., Vaske, P.: Elektrische Netzwerke. Grundlagen der Elektrotechnik Teil 1 – B.G.Teubner Verlag, Stuttgart 1982.
[12] Pregla, Reinhold: Grundlagen der Elektrotechnik – 5., vollständig neu bearbeitete Auflage. Hüthig Verlag. Heidelberg 1998.
[13] Lüder, E: Theorie der Schaltungen Teil I. – Manuskript zur Vorlesung, Universität Stuttgart, 1974
[14] Lüder, E: Theorie der Schaltungen Teil II. – Manuskript zur Vorlesung, Universität Stuttgart, 1974
[15] Lüder, E: Theorie der Schaltungen Teil III. – Manuskript zur Vorlesung, Universität Stuttgart, 1974
[16] Lüder, E: Theorie der Schaltungen Teil IV. – Manuskript zur Vorlesung, Universität Stuttgart, 1974
[17] Lüder, E: Theorie der Schaltungen Teil IV. – Manuskript zur Vorlesung, Universität Stuttgart, 1974
[18] Georg, Otfried: Elektromagnetische Felder und Netzwerke. Anwendungen in Mathcad und PSpice. –Springer Verlag Berlin Heidelberg New York. 1999.
[19] Wagner, Andreas: Photovoltaik Engineering. Die Methode der Effektiven Solarzellenkennlinie. –Springer Verlag Berlin Heidelberg New York. 1999.
[20] Metz D., Naundorf U., Schlabbach J.: Kleine Formelsammlung Elektrotechnik mit Mathcad 5.0. –2. Auflage, Fachbuchverlag Leipzig. 1998.
[21] Singh, Simon: Fermats letzter Satz. – Carl Hanser Verlag München Wien. 1998.
[22] Der Brockhaus multimedial. – Bibliographisches Institut & F.A. Brockhaus AG, Mannheim 1998.

www.ingramcontent.com/pod-product-compliance
Lightning Source LLC
Chambersburg PA
CBHW020656220526
45464CB00001B/460